人生三大学问：低调、淡定、舍得

低调、淡定、舍得

潘鸿生◎编著

北京工业大学出版社

图书在版编目（CIP）数据

人生三大学问：低调、淡定、舍得／潘鸿生编著．
—北京：北京工业大学出版社，2017.12（2022.3 重印）
ISBN 978-7-5639-5676-0

Ⅰ．①人… Ⅱ．①潘… Ⅲ．①人生哲学－通俗读物
Ⅳ．① B821-49

中国版本图书馆 CIP 数据核字 (2017) 第 239499 号

人生三大学问：低调、淡定、舍得

编　　著：潘鸿生
责任编辑：李　冉
封面设计：胡椒书衣
出版发行：北京工业大学出版社
　　　　　（北京市朝阳区平乐园 100 号　邮编：100124）
　　　　　010-67391722（传真）　bgdcbs@sina.com
经销单位：全国各地新华书店
承印单位：唐山市铭诚印刷有限公司
开　　本：787 毫米 ×1092 毫米　1/16
印　　张：14
字　　数：188 千字
版　　次：2017 年 12 月第 1 版
印　　次：2022 年 3 月第 2 次印刷
标准书号：ISBN 978-7-5639-5676-0
定　　价：39.80 元

前　言

　　成功的人生离不开三大学问：低调、淡定、舍得。这三大学问，是古往今来成大事者不可或缺的行事准则。掌握了这三大学问，你可以在商场上叱咤风云、在职场中游刃有余、在生活中快乐自如。这三大学问，是一座指引成功的灯塔，更是开启成功大门的金钥匙。

　　低调是一种姿态、一种风度、一种品格、一种智慧。山不言其高，并不影响它耸立云端；海不言其深，并不影响它容纳百川；地不言其厚，但没有谁能否认它承载万物的伟大。它们不言，是因为它们深深地知道，低调是强者最好的外衣，低调是阻力最小的成功之路。低调是成就伟大事业的起点，它是一种进可攻、退可守，看似平淡、实则高深的处世谋略。低调而为，初看起来好像比较消极，但它其实并不是委曲求全、窝囊地做人，而是通过少惹是非、少生麻烦的方式暗蓄力量、悄然前行，以便更好地展现自己的才华，发挥自己的特长。纵观古今，那些禁得住历史沉淀，那些取得成功的人和事，更多的得益于低调而为的做事原则。

　　淡定，是一种生活态度，也是一种人生选择。保持一颗淡定的心，远离焦虑的侵袭，是当下的人们最应该做出的选择。在当今物欲横流、

人生三大学问： 低调、淡定、舍得

充满诱惑的社会里，最大的幸福莫过于守住一颗淡定而宁静的心，顺境中心态平稳、怡然自得，逆境里不悲不愁、不弃不馁，行至水穷处，坐看云起时。如此，你才能拥有真正的幸福，活出生命的精彩。淡定也是世间最美的风景，淡定是人生最浓醇的滋味，淡定是生活最从容的态度。保持淡定，你才能在潮起潮落的人生戏台上举重若轻、击节而歌，不论世事如何变幻，岁月如何交替，你都能始终以一份洒脱平静的心境来面对喧嚣的红尘。落花无语，留香阵阵，以淡定从容的态度面对人生，品出幸福的真谛，获得心灵的自由、充实、丰硕、纯净。

舍得是一门艺术。人生其实是一个不断选择的过程，选择的结果就是人生。既然人生中有了选择，那就必然有"得"与"舍"。世间万物皆是矛盾统一的，势必会存在着"鱼和熊掌不可兼得"的现象。有得必有失，有失必有得，人生就是这样一个得与失的过程。人生需要舍弃，有了明智的舍弃，才能迎来最后的成功。所以说，学会舍弃是人生的一堂必修课。

本书探讨了人生的三大学问，告诉大家：一个人如果真正懂得了生活的真谛，学会了低调、淡定、舍得的智慧，就会在追求成功与幸福梦想的过程中保持良好心态，有所为、有所不为，实现人生价值。

目　录

上篇　低调

目　　录

中篇　淡定

上篇　低调

　　生活需要低调，为人处世，更不可不知"低调"二字。有道是，地低成海，人低成王。地不畏其低，方能聚水成海；人不畏其低，方能孚众成王。为人处世还是要持有低调谨慎的态度，不可处处占上风。但讲求处世低调，不是教你无所作为，而是教你以退为进，低调做人、高调做事。

第一章 姿态上低调一点儿

地低成海，人低成王

俗话说：地低成海，人低成王。低调做人是一种性格和作风。有这样一副对联，写得十分有趣，可以说是道出了低调做人的真谛。上联是：做杂事兼杂学当杂家杂七杂八尤有趣；下联是：先爬行后爬坡再爬山爬来爬去终登顶；横批是：低调做人。高山不言是一种稳重，大地无语是一种内敛，大海低调是一片宽广，松竹低调是一种坚韧，蓝天低调是一种宁静，月亮低调是一片皎洁，梅兰低调是一种傲骨，做人低调是一种睿智。

低调是一个人成熟的标志，是为人处世的一种基本素质，也是一个人成就大业的基础。我们做人、做事应该尽显低调，在低调中修炼自己。

事实证明，刘备懂得如何积蓄自己的力量，等待爆发的时机。成功的人总是善于放低自己的姿态，在低调中积累成就大业的资本和力量。无论在官场、商场还是在政治军事斗争中，低调做人都是一种进可攻、退可守，看似平淡，实则高深的处世谋略。

在现代社会里，低调做人更容易被人接受，显露锋芒则容易招来祸患。事实上，低调是一种大智慧，它不是自卑，不是怯懦，不是软弱，不是无能，不是退缩，而是理智中的圆滑、愚钝中的机智。

英国大文豪萧伯纳出名后赢得了很多人的尊敬和仰慕，但是年轻时的他特别喜欢张扬个性，说话也尖酸刻薄，谁要是跟他说话，便会有受到奚落之感。一天，一位老朋友私下对他说："你出语幽默、风趣，但是大家都觉得，如果你不在场，他们会更快乐。因为他们比不上你，有你在，大家便不敢开口了。你的才干确实比他们略胜一筹，但这么一来，朋友将逐渐离开你。这对你又有什么益处呢？"老朋友的话使萧伯纳如梦初醒，他感到如果不收敛锋芒，彻底改过，社会将不再接纳他，又何止是失去朋友呢？所以他立下誓言，从此以后，再也不讲尖酸刻薄的话了，要把天分发挥在文学上。这一转变奠定了他后来在文坛上的地位，使他广受各国读者的敬仰。

由此可见，一个人不管取得了多大的成功，不管名声有多显赫、位置有多高、金钱有多丰厚，面对纷繁复杂的社会，都应该保持做人的低调。

在生活中，低调的人是受人欢迎的。低调的人会有一个平和的心态，他们低调、谦虚、友善和气、善于倾听、乐于助人、甘于让人。

保持低调是一种有修养的表现，是我们每个人应该持有的生活态度。为人低调并非是妥协、退让、懦弱，而是一种智慧，一种远见，是一种对人的尊重！

低调做人，是一种品格、一种姿态、一种风度、一种修养、一种胸襟、一种智慧、一种谋略。在低调中修炼自己，就是要学会低调做人，就要不喧闹、不矫揉造作、不无病呻吟、不假惺惺、不卷进是非、不招人嫌、不招人忌妒，即使你认为自己满腹才华、能力比别人强，也要学会不露声色。高调地张扬和显示自己，只是肤浅的行为，只会让自己陷入尴尬的境地。

总之，低调做人是在社会上加固立世根基的绝好姿态。低调做人，不仅可以保护自己、融入人群，与人们和谐相处，也可以让人暗蓄力量、悄然前行，在不显山露水中成就事业。

不要恃才傲物

一个人有才华是一件好事，但把这才华用作傲人的资本就不能说是一件好事了，正如人们极其讨厌那些爱炫耀的人一样，恃才傲物者也会被人所厌弃。

诚然，才华有助于一个人成就事业、创造辉煌。但是如果你不能完全控制它，它有时会变成你一生的拖累，甚至能毁掉一个人的事业。所以说，恃才傲物是为人处世一大忌。如果你不能改掉这个习惯，那么总有一天你会独吞苦果！

嵇康是魏晋风流名士"竹林七贤"的突出代表，也是魏晋之际著名的思想家、文学家和音乐家。他喜好老庄，卓然不群，傲骨铮铮，愤世嫉俗。正是这种与世人格格不入的个性决定了他一生悲剧性的结局。

钟会是魏国太傅钟繇的儿子，司马氏新贵刚一得势，他立即伏首依附，成为司马集团的重要人物。他对玄学颇为爱好。有一天，他带众宾客衣冠锦绣、乘骏马特地去拜访嵇康。嵇康非常精于锻铁，在宅内的大柳树下挥臂扬锤干得正欢，盛夏酷暑，汗流浃背，却显神情怡然。钟会一行人浩荡而来，嵇康非但不辍工相迎，连他们到后站立身边时也毫不理会，视若无睹，仿佛锻铁真是件其乐无穷、令人不忍罢手的大事。

钟会久闻嵇康的怪异言行，又是专程前来讨教，初也不以为忤，与众宾客垂手默立一旁，静静等候。谁知一等就是一个时辰，而嵇康仍挥锤如初，丝毫无停歇之意。钟会心想，能让我这么耐心等一个时辰的，世上恐怕别无二人了，嵇康你也太张狂了。心下怏怏不乐，正欲打道回府，却不料一直不曾言语的嵇康在这时竟开口说道："何所闻而来？何所见而去？"这话不说倒也罢了，钟会一听恨从心底起：你小子当着这么多宾客的面给我冷脸我也就忍了，你非但无丝毫歉疚，竟还敢出言讥讽揶揄我！钟会强压怒火，硬邦邦扔下了句"有所闻而来，有所见而去"便骑马就走。嵇康过后并未将此事放在心上，而钟会却一直耿耿于怀，伺机报复。后来吕巽、吕安兄弟的纠纷终于让其遂了心愿。

吕巽和吕安都是嵇康的好朋友。有一天，一直垂涎于吕安妻徐氏美貌的吕巽，趁吕安外出之时，竟灌醉了弟妇将其奸污。事情败露，吕安非常愤怒，意欲与丧尽天良的兄长对簿公堂。作为两兄弟好友的嵇康自然不愿见到二人不可收拾的结局，竭力从中劝解，暂且平息了干戈。岂料事隔不久，吕巽竟然恶人先告状，诬说吕安不孝，虐待老母，并诽谤中伤吕安。由于吕巽是钟会的红人，吕安有口难辩，竟身陷囹圄，被判处发配边疆。吕安激愤难抑，上诉申冤，言辞中提及嵇康。嵇康向来耿介，仗义忘危，挺身陈述事情的来龙去脉，因此也牵连入狱。曾被嵇康冷落戏弄的钟会大喜过望，欲就此置之死地而后快。他在司马昭面前进谗说：忠于曹魏的将领毋丘俭起兵造反时，嵇康曾企图响应，并且嵇康、吕安等人平时言论放肆，菲薄汤武，攻击名教，为帝者不容，应予除灭，以正风俗。司马氏对嵇康批评政治的激烈言论也早就不满，钟会这一搬弄是非正中下怀，杀心顿起。

魏元帝曹奂景元四年（公元263年），嵇康被杀于洛阳东市，不能不说这是一个令人扼腕于墓道的悲剧。

嵇康的确有才，但恃才傲物，终究招来杀身之祸，这不能不说是一个大教训。

俗话说：枪打出头鸟。一个人如果太突出、太优秀，让多数人显得平庸，本身就很容易遭人忌妒了。如果再不谨言慎行，而是露才扬己，张扬行事，往往会面临更危险的境地。所以，我们要正确看待的自己的才气，摆正自己的位置，低调做人。如果狂妄自大、目空一切，终会落得个惨淡的收场。

低调隐忍更易成就功名

一个人若想获得事业上的成功，必须具备许多的条件：例如，高深的学问、恢宏的士气、宽阔的心胸、忍耐的修养等，这些都是成功的最大助力。其中，忍耐更是不可少的品质。

罗马喜剧作家布劳道斯说过："忍耐，乃是所有困难的最佳解决方法。"学会忍耐、低调和退却，可以获得无穷的益处，可以让你走向成功。

懂得忍耐有利于成就事业，意气用事只会错失良机。小不忍则乱大谋，这句话说得很有道理。为了成就一件事，首先得学会忍，在该忍的事情上不懂得忍耐，最终误的是自己。

低调隐忍并不是要求一味地躲避退让，而是一种以退为进的策略。只有真正领悟了"忍"的真谛，才能在困境中静下心来，从自身方面寻找原因，努力提高自身的修养，把现时的不顺当作磨炼意志的一种机会，为日后的成功之路铺路垫石。

无论何人，如果你想有所成就，忍耐是个很重要的问题，否则，很难一步一步地向上攀登，登上更高的平台；如果心态浮躁，没有忍耐力，就会使自己离成功更远。忍耐，是克服一切困难的保障，它可以帮助人们成就一切事情，实现理想。

人生在世，不如意的事十之八九。成功者越是在受到挫折、身处逆境时，越是要保持冷静、顾全大局，退一步，海阔天空。

"忍"是成功的基础，心上斜插一把刀，就是这个"忍"字。但你希望成就大业，必须忍人所不能忍。然而这种忍，不是性格软弱，忍气吞声、含泪度日之举，而是高明人的一种谋略，是为人处世的上上之策。严以律己、宽以待人，胜不骄、败不馁，感恩惜缘，回报社会……都是成功者坚忍人生伟大的光彩折射。

得意之时莫忘形

低调的人会将自己的得意之事放在心里，而不是放在嘴上，更不会把它当作炫耀的资本。而在现实生活中，有的人遇到得意的事情往往容易在众人面前扬扬自得，显示自己的能力比别人强。其实，显示自己的能力是一个危险的、十分可怕的陷阱，而且这个陷阱常是聪明人自己给自己挖的。它会使你把大量的精力放在显示成果、自吹自擂，或试图让他人信服你的个人价值方面，而这种过分得意常常会使人忘了自己是谁。

　　一位刚刚知道中了大奖的乞丐，因他的全部财产只有一根竹棍，他为了防止奖券遗失，便把它藏在竹棍里。他心中一直为发财的事兴奋，实在是太得意了，心想今后不用再当乞丐了，还要这根讨饭用的竹棍做什么？这一高兴便把竹棍扔到了河里。当他想起奖券还藏在竹棍里的时候，不但钱再也领不到了，就连竹棍也弄丢了。本来，穷得只剩一根竹棍，结果呢？得意忘形，连仅有的竹棍也失去了。

　　所以，不但艰难的时刻要保持平常心，成功的时候更需要保持平常心。因此，得意时绝对不能放松警惕，要时时戒备，因为这个时候更容易犯错。

　　在欢庆、祝贺成功之时，应该保持清醒、冷静、明智的头脑，给自己设定更高的目标。最可怕的是得意张狂，那肯定会引火烧身。得意之情过分了，即便是最亲近的人，也是不好接受的。

　　一个健康的、成熟的、文明的现代人在得意时，一定会谨慎行事。因为只有这样，才能得到好的人缘，使你开创更新的局面，周而复始，良性循环。

　　那些在得意时谨言慎行的人，才是真正对自己负责，这样的处世，才是恰到好处的处世。

以平凡的姿态示人

水，养山山青，哺花花俏，育禾禾壮，从不挑三拣四、嫌贫爱富。它与土地结合便是土地的一部分，与生命结合便是生命的一部分，它劳苦功高，却从不彰显自己，总是以平凡的面貌示人，以展现它的存在。其实，做人也应该如此。即便我们成就了非凡的事业，也要如水一样，低调做人，像普通人一样，不可彰显自己，更不可傲视一切。

瑞典首相帕尔梅是十分受人尊敬的领导人。他当时虽贵为政府首相，但仍住在平民公寓里。他生活十分简朴，平易近人，与平民百姓毫无区别。帕尔梅的信条是："我是人民的一员。"除了正式出访或参加特别重要的国务活动外，帕尔梅去国内外参加会议、访问、视察和私人活动，一向很少带随行人员和保卫人员，只是在参加重要国务活动时才乘坐防弹汽车，并有两名警察保护。有一次他去美国参加一个国际会议，人们发现他竟独自一人乘坐出租车去机场。

1984年3月，他去维也纳参加奥地利社会党代表大会，也是独自前往的。当他走入会场的时候，还没有人注意到他，直到他在插有瑞典国旗的座位上坐下来，人们才发现他。对他的举动，与会者都啧啧称赞。同普通群众打成一片是帕尔梅为人的重要特点。帕尔梅从家到首相府，每天都坚持步行，在这一刻钟左右的时间里，他不时同路上的行人打招呼，有时甚至与同路人闲聊几句。帕尔梅同他周围的人关系处得都很好。在工作之余，他还经常帮助别人，毫无高贵者的派头。帕尔梅一家经常去度假，和当地的居民建立了密切的联系，那里的人都将他看作朋友。他常常在闲暇时间独自骑车闲逛、铡草打水、劈柴生火、帮助房东干些杂活，以此来联系和接触群众，使彼此之间亲如家人。

帕尔梅喜欢独自出访，去学校、商店、厂矿等地，找学生、店员、工人谈话，了解情况，听取意见。他从没有首相的架子，谈吐文雅、态度诚恳，也从不搞前呼后拥的威严场面。这些都使他深得瑞典人民的爱戴。

帕尔梅平易近人，他同许多普通人通过信件建立了友谊。他在位时平均每年收到1.5万封来信，其中三分之一来自国外，为此他专门雇用了4名工作人员及时拆阅、处理和答复，做到来者皆阅，来者均复。对于助手起草的回信，他要亲自过目，然后才能签发。这一切都使他的形象在人民心目中日益高大。帕尔梅首相府的大门也永远向广大人民开放，那里永远是人民的服务处。在瑞典人民的心目中，帕尔梅既是首相，又是平民；既是领导人，又是兄弟、朋友，他是人们心目中的偶像。

由此可见，越是功成名就的大人物越懂得以平凡的姿态示人。正如小溪、江河抑或是大海一样，总是以自己最为天然的姿态出现在蓝天白云之下，那些深知做人之道的人，大多是能够摆正自己位置的人，而把自己看成高人一等的人，一定是世界上最愚蠢的人。

平凡是一种心态。人生而平等，不管我们是谁，我们拥有多少丰厚的财富，都不能骄傲。在这无垠的世界，我们要以一颗平凡的心与别人相处。诚然，通过我们的努力，哪天我们得到了荣誉地位，我们也不能把自己看得高高在上，也应该以一种平凡的心态与别人相处，只有这样，我们才能真正让别人佩服。

一位希腊哲学家说过："我总是爱平凡地过每一天，我所做的只是把我的想法与众人分享罢了。"的确，每个人都想出名，为后世科学、文化留下自己的名字。但倘若以为非凡就是出名，那你就错了。因为唯有平凡才是催人向上的动力。

以平凡的姿态示人是一种生活态度，它能让我们卸掉一身的华丽，归于平凡，好好做人；也能够让我们抛去内心的虚荣，找回真实的自己。将自己归于平凡，在浮躁的社会中找到平静的自我，用一颗平凡而真实的心，看清楚自己想要的，想明白自己所追求的。在失败中，用坚强回归到平凡，从零点起飞；在成功中，放下所有的鲜花和掌声，让骄傲的心回归平凡，踏实走好脚下的每一步，用平凡告诉我们自己要好好做人！

第二章　心态上低调一点儿

别把自己看得太重要

雨水从天而降，滋润着田地里的庄稼。其中有一滴雨水认为，如果没有它的浇灌，庄稼是不会生长的，所以它拒绝滴落在庄稼上。结果，在其他的雨水的浇灌下，庄稼还是茁壮地成长了。这滴雨水突然明白，自己和其他雨水一样，并没有什么区别。即使没有自己，世界也不会因此而改变。

一滴水是如此，一个人也是如此。世界不会因为缺少了谁而变得有所不同。其实，有很多时候我们并不是很重要，也不是不可或缺的，我们只不过是假想自己很重要而已。

曾经有一位很有名的学者，很是自傲，总是认为自己很了不起，好像觉得世上没有了他就少了什么。可是一件小事改变了他的看法：一次家庭聚会，有几十个人，到了吃饭时间，他故意把自己藏在餐厅的柜子里，好让别人都来找他时，给别人一个突然的惊喜。可是意外发生了，由于大家都沉浸在欢乐的气氛中，都只注意到临近的人，直到用完餐为止，也没有一个人发现少了他，他实在是憋不住了，从柜子里跑了出来，一脸很沮丧的样子。从此，他明白了自己并不是很重要。

在现实生活中，我们总是迷失在这个错误的感觉中，自以为自己很重要，但实际上，在别人眼里却是微不足道的。在芸芸众生之中，你只是一个名字、一个过客、一个陌生人。没有你的微笑，世界照样美好。

很多时候，我们的烦恼、担心和疑惑，是自己制造的。你应该想到，在别人的心中，不会太在意发生在你身上的一些事情。因此不要把自己看得太重要，远离烦恼的最好方法就是要有一颗低调的平常心。

在生活中，我们自以为很重要的东西，也许在某些人眼里，根本就不值一提。所以，我们千万别自以为是，别以为自己有多么了不起。

一个自以为很有才华的年轻人，一直得不到重用，为此，他感到十分苦闷。有一天，他去质问上帝："命运为什么对我如此不公？"上帝听了沉默不语，只是捡起了一颗不起眼的小石子，并把它扔到乱石堆中。上帝说："你去找回我刚才扔掉的那个石子。"结果，这个人翻遍了乱石堆，却无功而返。这时候，上帝又取下了自己手上的那枚戒指，然后以同样的方式扔到了乱石堆中。结果，这一次他很快便找到了他要找的东西——那枚金光闪闪的戒指。上帝虽然没有再说什么，但是年轻人一下子便醒悟了：当自己还只不过是一颗石子而不是一块金光闪闪的金子时，就永远不要抱怨命运对自己不公平。

有许多人都和这位年轻人一样，总是抱怨上天的不公，以为自己很重要，以为自己很了不起，其实这不过是自以为是的表现，高估了自己的能力。所以，我们要记住这句话："当我们相信自己对这个世界已经很重要的时候，这个世界才刚刚准备原谅我们的幼稚。"

放下身段反而更提高身价

在当今社会，主张的是个性张扬、才华外露，这固然是人性解放、社会发展的表现。但很多时候，为了以后的发展前途，我们更应该暂时收敛一下自己的锋芒，适当地放低一下自己的姿态。

有一位在美国留学的计算机博士，辛苦了好几年，总算毕业了。可是，虽说是拿到了博士的文凭，却一时难以找到工作。

他一次又一次地被各大公司拒绝，生计没有着落，这个滋味十分不好过。他苦思冥想，想找个办法，谋个职位。

他决定收起所有的学位证明，以一个最低的身份去求职。

这个法子还真灵，一家公司老板录用他做程序输入员。这活可真是太简单了，对他来说简直是"高射炮打蚊子"。不过，他还是一丝不苟，勤勤恳恳地干着。

不多久，老板发现这个新来的程序输入员非同一般，他竟然能看出程序中的错误。这时，这位小伙子掏出了学士证书。老板二话没说，立刻给他换了个与大学毕业生对口的专业。

又过了一段时间，老板发现他时常还能为公司提出许多独到而有价值的见解，这可不是一般大学生的水平呀！这时，这位小伙子又亮出了硕士学位证书，老板看了之后又提升了他。

他在新的岗位上干得很出色，老板觉得他还是与别人不一样，非同小可。于是，老板把他找到办公室，对他进行询问，这时，这位聪明人才拿出他的博士学位证。

老板这时对他的水平有了全面的认识，便毫不犹豫地重用了他。

这位博士求职的成功，在于他能够放低自己的身价，以低姿态去求职，进而赢得工作岗位。

可见，抬高自己的身价，只能让路越走越窄，直到最后无路可走。而放低自己的身价，却能够让路越走越宽。能够放下身价的人，他的思考是富有高度的弹性，他能够比别人更早一步抓到机会，也能比别人抓到更多的机会，因为他没有身价的顾虑。

在现实社会中，如果你想走出一条路来，那么就要放低自己的身价，也就是放低你的学历、放下你的家庭背景、放下你的工作经验、放下你的身份，让自己回归到普通人中。同时，也不要在乎别人的眼光和批评，做你认为值得做的事情，走你认为该走的路。唯有如此，才会在放低自己身价的同时，提升个人的价值。

有成就的人更应保持低调

位居高位的人常为众人所仰视、所瞩目，他们的一言一行都会得到更多人的关注、议论和评判。如果此时能以低调的姿态对待众人，以平易随和的态度对待众人，做到华而不显、贵而不炫，就一定会赢得众人的拥戴、人心的归附。

西奥多·罗斯福是深受美国人民爱戴的总统。他之所以获得了这样的声誉，是因为他能够真诚地对待每一个人，无论他是一名议员还是一名仆人。

他的贴身男仆安德烈向人们讲述过这样一个故事：

有一天，安德烈的妻子问罗斯福总统野鸭是什么样子，因为她没离开过华盛顿，她没机会到野外去看动物。罗斯福总统耐心地向她描述野鸭的模样和习性。

第二天，安德烈房里的电话响了，电话那头传来了罗斯福总统的声音，罗斯福总统是为了告诉安德烈的妻子，他们房子外面的大片草地上就有一只野鸭。

安德烈的妻子推开窗户，看见了对面房屋窗户里罗斯福微笑的面庞。

还有一次，罗斯福拜访白宫的时候，他没有去客厅，也没有去接待室外，而是去了厨房。他友好地向每个人打招呼："嗨，桃瑞斯，最近很忙是吗？""杰克，胃口还好吗？我想你是离不开酒的，什么时候我们喝一杯？"

就这样，他跟每个人都打了招呼，就像大家是多年不见的老朋友一样。

后来，在白宫服务了30年的厨师史密斯含着热泪说："罗斯福总统是那样的热情，那样的关心人，这怎能不让人感动呢？"

像这样的人，谁会不热爱他呢？

有很多人会不惜一切代价去追求一定的地位，却很少有人在拥有一定的地位之后，还能平易近人。伟人表现其伟大的方式，不是处处显示自己的地位，而是在于他们的朴实与宽容。

如果一个有成就的人，能够放低自己的姿态，把自己置身于与其他人平等的氛围中，谦卑、礼貌地对待别人。那么，便多了一份收服人心的资本，就可能为自己的事业招揽到更多优秀的人才，还会赢得尊重。同时，也只有低调的人，才能让人感受到发自内心的诚意和尊重，这不是金钱和地位所能打动的。

有人说：高的能够低一点，满的能够空一点，富有的能够俭朴一点，尊贵的能够卑贱一点，聪明的能够愚笨一点，勇气的能够怯懦一点，善辩的能够沉默一点，渊博的能够肤浅一点，精明的能够糊涂一点。他的意思是，做人不妨低调一点，因为身份尊贵而不显露，有才华而保持谦逊，是很难做到的。通常身份显贵、才华横溢的人，难免意气风发、趾高气扬，尤其是在不如自己的人面前，更是连起码的礼貌也不一定做得到。所以，一个人无论有多大的成就，都要懂得尊重别人。平易近人者人皆近之，对有一定身份和地位的人来说，放下身段和大家平和相处，非但不失身份，反而更能得到大家的尊重。

低调的谦逊让你站得更高

谦虚是人的一种修养。具有这种气质的人从不盛气凌人，不以长者自居，不以能人骄人，不以贵人下人，因而人格高雅、尊贵，他人自会感到可亲。一般来说，越是见多识广，越是素养高雅者，就越是谦虚；而越是无知的小人，就越是不知天外有天，而越发狂妄。

南唐时，有一位叫钟隐的画家。他年纪不大就已经很出名了，但是这一切对钟隐来说没有值得欣喜的地方，他每天仍然在书房里潜心作画，万不得已才去应酬一些琐事。

钟隐的妻子对丈夫这么做有些不太明白。一天，钟隐正在画画，妻子就走到他身边帮他研墨，最后忍不住问："现在你有家财万贯，才华也受到世人的认可，为什么你每天还要这么辛苦呢？"钟隐听妻子这么说，便放下笔拿过一幅画问："你看这画怎么样？"妻子说："这我不太懂，不过我觉得那鸟像活的一样。"钟隐又拿了另一幅画，问："你再看这幅如何？"妻子说："这只鸟看上去呆头呆脑的。"钟隐说："第一幅是别人画的，而第二幅是我画的。虽说我在山水画上有点成就，可在花鸟画上还差很多呢。"

钟隐知道如果想画好，必须要有名师指点，他开始四处打听擅画花鸟的名师。一天，在和一个朋友吃饭时，钟隐问其能否给他引荐一位名师，朋友说："我倒认识一个叫郭乾晖的人，他很擅长画花鸟画，听我妻子说，他画的牡丹竟把蜜蜂给招来了，只不过这个人恐怕不会教你，因为他连自己的画都不愿意给别人看，而且他画画儿还总躲着人。"钟隐便开始四下打听关于郭乾晖的消息，当听说郭乾晖要买个家奴时，他就报名了。

钟隐打扮成仆人的模样进入郭府，虽然每天干活累得他腰酸腿疼，但让他感到欣慰的是他看到了一些郭乾晖的画，这让钟隐更加坚定地在郭乾晖左右工作，只是希望能亲眼看他画画儿。可是每到作画时，郭乾晖总是把他打发出去。

　　钟隐的家中没有人知道他卖身为奴去学画的事，连他妻子也只知道他出远门了，当朋友去看他时，家里人只说是出了门，却不知道去了哪里，这让人们起了疑心，最后连他的家人也起了疑心，于是开始在大街小巷贴告示寻人。

　　恰巧郭乾晖出门，听人说钟隐失踪了，而且细听年龄和长相，觉得和家里的那位年轻仆人很相似，他刚好来家里两个月。"难怪他总想看我作画呢？"郭乾晖自言自语道，"不过他倒真是个谦虚的人，有这样的学生是我的幸运。"钟隐终于以谦卑的求学态度感动了郭乾晖，郭乾晖把自己作画多年的体会和技艺都传授给了钟隐。

　　人们总是乐于接受谦逊的人，而对于傲慢的人是加以排斥的。做人还是谦虚的好，因为谦虚是成功的垫脚石。

　　我们须知，谦虚的人才能不断学习，不断进步，才会有虚怀若谷的度量，也才能让人愿意亲近，这样做事才有基础；反之若恃才妄为、高傲自大，成了"孤家寡人"，也就一事难成了。

　　列宾是世界著名的现实主义画家，他的代表作《伏尔加河上的纤夫》《宗教行列》《临行前拒绝忏悔》等已成为世界画廊的珍品，可他总是低调做人，非常谦逊。

　　一次，列宾收到一位文学家的来信，信上说："你以自己杰出的作品证明你是一位伟大的画家。"可列宾马上回信说："我是一个很平凡、很普通的人，你是知道的。可是你却要把我送到一个宏伟的高台上去。假如我真的爬上了高台，你看见了这么渺小的人站得那样高，也会发笑的。"

为人处世，绝不可以骄傲自满，想要成为完善之人，首先要觉得自己始终不完善，并要不断地努力。劳谦虚己，则附之者众；骄慢倨傲，则去之者多。意思是说，谦虚待人，愿意和他亲近交往的人自然就多；如果骄傲自满，盛气凌人，即使是原来与他亲近的人也会离他而去的。

诗人鲁藜曾说："还是把自己当作泥土吧，老是把自己当作珍珠，就会有被埋没的痛苦。如果在一个群体里，老把自己当作主角，别人不仅不会接受，反而会嘲笑你。"谦虚不是胆怯懦弱，谦虚是一种清醒的自我认知，拥有谦虚美德的人才能为大家所折服。

美国的第三任总统托马斯·杰斐逊，在担任驻法大使期间，一天，他去法国外长的公寓拜访。

外长故意问："你代替了富兰克林先生？"

杰斐逊巧妙地回答："是接替他，没有人能够代替得了他。"杰斐逊巧妙地换了一个词，显示了自己的谦逊和对前任的尊敬。

一个人即使是有能力，在某方面做出了一点成绩，但也不要太骄狂自满，要注意谦虚待人，才能得到他人的尊重与认可。因此，在和别人交往时，要尊重他人的人格，做到平等待人，礼貌待人，不能以势利的态度，谄上而慢下。另外，还要有自知之明，每个人都有自己的长处，所以要多学习别人的长处。不要以自身的优点而骄傲自大，要有谦虚宽容的胸襟，自然能以谦和平等的态度待人，不致给人留下骄狂傲慢的不良印象。

海不辞水，故能成其大；山不辞石，故能成其高。只有谦虚谨慎、永不自满的人，才能追求有所作为、有所成就的人生。

自觉无知胜有知

承认自己是无知的，这对大多数人来说，是很难的。因为每个人都有虚荣心，不愿承认自己无知。恰恰是这些虚荣心成了你前进道路中最大的障碍，如果你坚持认为自己多么有本事、多么有知识，那么你只能遭到别人的唾弃。相反，如果你能承认自己无知，反而容易引起别人的共鸣，从而得到别人的支持和帮助。一再重复无知的谎言只能让你越来越被动，越来越出丑，最终受到伤害的只能是自己。做人就是要勇于承认自己的不足之处，这样才能充分获得他人的帮助和建立健康的心态，学习他人的长处和提高自己。

在一所有名的大学，有一位学生问教授："教授，我什么时候才能取得学位？"教授回答他："在你觉得无所不知的时候，学校给你学士学位；在你认为自己只是略有所知的时候，学校授予你硕士学位；如果有一天你觉得自己和别人一样一无所知时，你将会拿到博士学位。"

知识的道路是无止境的。当你认为自己什么都懂的时候，或许你只知道了一个大概；但当你认为你只懂一点点的时候，或许你就开始入门了；而当你认为自己什么都不懂的时候，或许你已经懂得了很多，只是你从这些知识中发现了很多未知的领域。

　　我们每个人要把自己当作新生的婴儿，虚心地向身边的每一个人学习。骄傲会让你停滞不前，只有谦虚才会让自己有长进。

　　有这样一则寓言故事与大家分享：

　　有一位有学问的人在拜访一位大师时，提出了很多的问题，而当大师回答这些问题的时候，他总是不断地插话，表示自己已明白这些问题，最后大师不得不终止谈话而开始给这个人倒茶，虽然杯中已倒满了茶水，但大师并没有停下来，直到这个人告诉大师杯子已满时，大师才停下来，并告诉这个人说："如果你带的杯子不是空的，你又怎么能品尝到我倒给你的茶，即使能尝到也已非原来的味道了。"

　　这则故事告诉我们：不要以原有的不实用的旧观念和思想阻碍自己学习。要保持空无以求全的学习态度，才不至于把别人真正实用的知识被你的思想所扭曲，才能够学到真正实用的知识。

　　孔子带着学生到鲁桓公的祠庙里参观的时候，看到了一个可用来装水的器皿，形体倾斜地放在祠庙里。

　　守庙人告诉他："这是欹器，是放在座位右边，用来警诫自己，如'座右铭'一般的器皿。"

　　孔子说："我听说这种用来装水的器皿，在没有装水或装水少时就会倒；水装得适中，不多不少的时候就会是端正的，里面的水装得过多或装满了，它就会翻倒。"

　　说着，孔子回过头来劝他的学生们说："你们现在立即往里面倒水试试看吧！"学生们听后舀来了水，一个个慢慢地向这个可用来装水的器皿里灌水。果然，当水装得适中的时候，这个器皿就端端正正地立在那里。不一会儿，水灌满了，它就翻倒了，里面的水流了出来。再过了一会儿，器皿里的水流尽了，又像原来一样歪斜在那里了。

这时候，孔子便长长叹了一口气，说道："唉！世界上哪会有太满而不倾斜翻倒的事物啊！"装满水就如同骄傲自满的人那样，容易倾倒。因此人要谦虚谨慎，不要骄傲自满。

丰收的稻子总是弯腰向着大地，浅薄的稗子才会高傲地望着天空。所以，无论什么时候，我们都不要以为自己知道了一切。我们要时刻提醒自己：我还是一个一无所知的人，每个人都是我的老师。只有如此，我们才能学到更多的东西，在人生的路上走得更远。

第三章　言辞上低调一点儿

要赢得争论，请避免争论

生活中，很多人喜欢争辩，对一个问题、一个观点，总是喜欢争得脸红脖子粗，大有针尖对麦芒之势。或许一时争论的胜利，会让你觉得占了上风，但实际上你还是没有达到目的。为什么？如果你的胜利使对方的论点被攻击得千疮百孔，证明他一无是处，那又怎么样？你会觉得扬扬自得；但对方呢？他会自惭形秽，你伤了他的自尊，他会怨恨你的胜利。而且一个人即使口服，也会心里不服。因此，争论是要不得的，甚至连最不露痕迹的争论也要不得。如果你老是抬杠、反驳，即使偶尔获得胜利，也永远得不到对方的好感。所以，真正赢得胜利的方法不是争论，而是不要争论。

张玲伶牙俐齿，常是辩论赛上的女状元，当她在台上辩论时，同学们忍不住被她的口才折服。然而，在生活中却没人喜欢她，因为她把她的辩论才能也用在了和同学的沟通中。

"不对，你的提法就是错误的！"

"太可笑了，你怎么会这么认为！你的观点太落伍了！"

"我的想法绝对是正确的，你不用再跟我争了！"

……

每天，张玲都要为一些小事、为一些看法和同学争论个没完，一副"你不投降我誓不罢休"的架势，同学们都有点害怕她了，她总能使轻松的聊天变成一场激烈的对抗，和她在一起总是提心吊胆，生怕一句话说错了让自己陷入一片枪林弹雨里。张玲身边的朋友越来越少，没有人喜欢和一个随时会喷火的"大炮"待在一起。

争辩不能起到任何作用。当人们面红耳赤地争辩时，说起话来可能会不管不顾，也忘了是否会伤害对方。

只有一种方法能得到争论的最大利益，那就是避免争论。如果你辩论、争强、反对，或许有时能获得胜利，但这种胜利是空洞的，因为你很难再得到对方的好感了。

克里斯托弗·雷恩爵士是英国17世纪著名的建筑大师，他一生设计了很多有名的建筑，西敏斯特市的市政大厅就是他的不朽杰作。1688年，雷恩爵士为西敏斯特市设计了这个富丽堂皇的市政厅。当时市长住在二楼，他不懂得建筑的原理，看了设计图之后，非常担心三楼会掉下来，压到他的办公室。

于是，他要求雷恩再加两根石柱作为支撑，加固房子的结构。雷恩很清楚市长的恐惧是杞人忧天，没有什么道理，但是他没有同市长争辩，也没有跟其解释其中的原理，而是按照市长的要求建造了两根石柱，市长为此感激万分，工程也得以顺利进行。

多年以后，人们才发现这些石柱其实根本没有顶到天花板。这位杰出的建筑师为了满足市长的要求，在他的设计中加了两个并不起实际作用的石柱。他没有跟市长争辩，因为他知道争辩是没有用的，有可能还会激怒市长，使得整个建筑工程无法进行，所有的设计都会前功尽弃。实际上多出来的两个石柱并没有影响到他的设计，相反，当人们看到这两根柱子没有顶到天花板的时候，明白了他的苦心，更加赞赏他了。

事实上只要不是原则问题，凡事都要争个对错，比个高下，证明自己更聪明更正确，其实是没有任何意义的。话多无用，行动则更有力得多。在雷恩的设计中，石柱只是一个摆设，是虚假的，但是双方都从中得到了满足，市长可以松一口气，不用担心三楼掉下来砸到自己的办公室，而后世也将会了解雷恩的设计是成功的，加建石柱其实并没有必要。

人生之中，何必事事都要去争论，以赢取那无谓的胜利？但在时下这个喧嚣的社会，有太多人愿意参与到这样无休止的争论中去，发表一些自以为是的观点，可结果呢？也许一辈子也没有结果。更重要的是，这样做对你毫无意义，不但为自己树立了敌人，而且对你的人生也没有任何助益。正如睿智的本杰明·富兰克林所说的："如果你老是争辩、反驳，也许偶尔能获胜，但那是空洞的胜利，因为你永远得不到对方的好感。"

是的，永远不要与人进行无意义的争辩，那只会引起别人的反感。如果你与人争辩的动机，是出于想要证明自己是对的、为自己辩白，或赢得听众的信服，那么你的行为太自私了，永远不会得到别人的欢迎。

所以，当你要与人争辩前，不妨先考虑一下，你到底要什么呢？是毫无意义的表面胜利呢，还是对方的好感呢？

有人说：用争夺的方法，你永远得不到满足；但用让步的方法，你可能得到的比你期望的更多。聪明人明白，避免争论能得到更大的利益。

少说多听，给别人说话的机会

世上许多人之所以不能给人留下良好的印象，正是因为他们总是高调地表现自己，却不能低调而耐心地做个好听众。因此，如果你想掌握好谈话这门艺术的话，便要记住：基本功就是先做一个好的倾听者，给别人说话的机会。

韦恩是罗宾见到过的最受欢迎的人之一，他总能受到邀请，经常有人请他参加聚会、共进午餐、担任基瓦尼斯国际或扶轮国际的客座发言人，大家都愿同他一起打高尔夫球或网球。

一天晚上，罗宾碰巧到一个朋友家参加一次小型社交活动。他发现韦恩正和一个漂亮女孩坐在一个角落里。出于好奇，罗宾远远地注意了一段时间。罗宾发现那位年轻女士一直在说，而韦恩好像一句话也没说。他只是有时笑一笑，点一点头，仅此而已。几小时后，他们起身，谢过男女主人，走了。

第二天，罗宾见到韦恩时禁不住问道，昨天晚上在斯旺森家看见韦恩和那位迷人的女孩在一起的情景。他想知道韦恩是怎么抓住她的注意力的。

"很简单，"韦恩说，"斯旺森太太把乔安介绍给我，我只对她说：'你的皮肤晒得真漂亮，在冬季也这么漂亮，是怎么做到的？你去了哪呢？阿卡普尔科还是夏威夷？’”

"夏威夷，"她说，"夏威夷永远都风景如画。"

"你能把一切都告诉我吗？"我说。

"当然。"她回答。我们就找了个安静的角落，接下去的两个小时她一直在谈夏威夷。

"今天早晨乔安打电话给我，说她很喜欢我陪她。她说很想再见到我，因为我是最有意思的谈伴。但说实话，我整个晚上都没说几句话。"

看出韦恩受欢迎的秘诀了吗？很简单，韦恩只是让乔安表达自己。他对每个人都这样说："请告诉我这一切。"这足以让一般人激动好几个小时。人们喜欢韦恩就因为他能注意到他们。

由此可见，专注认真地倾听别人谈话，向对方表示你的友善和兴趣，这样做的最大价值就是深得人心，能使双方感情相通、休戚与共、增加彼此的信任度。

善于倾听的人总是把自己摆在一个次要的位置上，在无形中使倾诉者成为交流的主角。而让别人成为主角正是低调做人的一种表现形式，也是让别人倾心于自己的绝妙法宝。

倾听是一种礼貌，是对说话者表示尊敬的一种表现，也是对说话者的一种高度的赞美，更是对说话者最好的恭维。每个人都希望在与人谈话时受到别人的尊重和重视。当我们专心致志地说话时，都希望别人能够全神贯注地听，而只有用心去听，才能使对方喜欢你、信赖你，从而拉近与你的距离。

上周，何先生在一家百货商场里面买了一套西装，结果这套西装才穿了三天，就令他很不满意：上衣掉色严重，并且还弄脏了他的衬衫领子。于是，他拿着这套西装来到了这家百货商场，找到了当初卖给他衣服的那位营业员。谁知，当何先生才把自己的情况说到一半，就被这位营业员给打断了。她说："这种西装在商场里有好几个专柜在卖，你又没有发票，谁知道是不是我卖给你的？再说，这种西装我们都卖了那么多件了，还没有听说掉色的呢！"

她不光话说得难听，而且语气还咄咄逼人，好像在说："你就是个骗子！"顿时，何先生怒火中烧，就在想要跟这位营业员大吵的时候，又过来一位男营业员，他插嘴说："先生，实话跟你说，所有深颜色的西装，在开始上身穿的时候多少都会掉一些颜色的，这也是没办法的事，你买的这种价钱的西装都是如此。想要不掉颜色的，就得买这种高档的。"说完，用手指了指旁边架子上的一套西装。

这个时候，何先生实在是忍无可忍了。在何先生正要大发雷霆的时候，突然间，服装部的经理走了过来。这位经理很有一手，在接下来的谈话里，他把何先生的态度整个地都给扭转了过来，并且把何先生从一个要大发雷霆的人转变成了满意的顾客。这位经理是这样做的：

第一，他让何先生先说一下情况。在听何先生诉说时，经理从头至尾没有说一句话。

第二，当何先生说完的时候，经理先是向何先生道歉，指出他衣服的领子是被这套西装弄脏了，还坚持说该店所卖出的商品，必须做到让顾客100%的满意。

第三，他承认自己不知道毛病出在什么地方，他对何先生很干脆地说："你需要我们怎么处理这套西装呢？我完全照你的意思做。"

最后，在何先生满意而去的时候，听到那位经理对他的营业员说："以后再遇到类似的事情，不要着急表达你们的观点，要先耐心地听客人说完。"

这位经理之所以能够很好地把问题解决，一个最主要的原因就在于：在与别人沟通时，他不是急于为自己辩解，不急于发表意见，而是认真倾听。

在谈话过程中，你若耐心倾听对方谈话，等于在告诉对方"你说的东西很有价值"或"你值得我结交"，表示你对对方有兴趣。同时，这也会使对方感到他的自尊心得到了满足。由此，说者对听者的感情也更近一步了，说者会认为"他能理解我"。于是，二人心灵的距离缩短了，只要时机成熟，两个人就会很谈得来。

所以说，善于倾听是一个人不可缺少的素质之一，是人与人交往的一个必要前提，学会倾听能正确完整地听取自己所要的信息，而且还会给人留下认真、踏实、尊重他人的印象。

学会说话拐点儿弯儿

在说服他人的过程中，有的时候直来直去地说话并不能取得很好的效果，而是需要采取迂回的手段来达到说服的最终目的。迂回之术不带刺，绕了一个弯后，不仅让人听明白了是怎么回事，最重要的是，人们能愉快地接受。这就要求我们在步入正题前，需要先来点铺垫，做些迂回，然后再一步一步导入中心，这样才会收到良好的效果。

　　春秋时期，吴王准备攻打楚国，他知道这个计划会遭到很多大臣的反对，于是他对左右的人说："谁要是对我攻打楚国发表反对意见，我就让他去死。"因此很多大臣都不敢来指出这个计划的错误。攻打楚国会给吴国带来很大危害，吴王宫廷的一位近侍为了劝谏吴王，想了一个办法。

　　一天，吴王早起时发现这个年轻人浑身湿漉漉的，就问他是怎么回事。年轻人说："我带了弹弓，在后花园闲逛，想打些飞鸟。突然我发现了一件让我不能忘怀的事情：一只蝉在树上尖厉地鸣叫，喝着露水。蝉不知道有一只螳螂正在它的下方悄悄地向上爬，正想把它作为自己的早餐呢！那螳螂伏曲着身子，张着足爪，沿着浓密的枝条，一步一步地接近了蝉。可螳螂哪里知道，这时有一只黄雀正藏在不远的一根树枝上，正要展翅飞来啄那只螳螂！黄雀伸着脖子以为很快就可以将螳螂吃到嘴里，哪里会想到这时我正用弹弓瞄准它，它也快完蛋了！这三个小东西，都是只顾前，不顾后，它们的处境真是太危险了！而我呢，则因为看到这么精彩的场面，时间久了，让露水把衣服都沾湿了！"吴王听了年轻人的话，心中猛然警醒，同时也明白了年轻人的一番良苦用心，于是决定放弃攻楚的计划。

　　年轻人鉴于吴王的威严和其下的命令，不能直接进行说服，于是采用迂回的办法，连用三种动物，比喻其做事只图眼前利益，不知祸害就在后面，从而使吴王醒悟并接受了他的意见。

　　迂回地表达反对性意见，可避免直接的冲撞，减少摩擦，使对方更愿意考虑你的观点，而不被情绪所左右。所以，要想取得理想的说服效果，不仅要真诚相待，还要善于动脑，讲究一点说服的艺术，尤其是当对方固执己见，谁去劝说他都不理不睬的时候，巧妙的办法就是避其锋芒，以迂为直。

有时，迂回可能要多走一些弯路，多废一些唇舌，多耗一些时间，但总比无功折返好。

战国时期韩国君主韩昭侯平时说话不大注意，往往在无意间将一些重大的机密泄露出去，使得大臣们周密的计划不能实施。大家对此很伤脑筋，却又不好直言相告。

一位叫堂谿公的聪明人，自告奋勇到韩昭侯那里去，对韩昭侯说："假如这里有一只玉做的酒器，价值千金，它的中间是空的，没有底，它能盛水吗？"韩昭侯说："不能盛水。"堂谿公又说："有一只瓦罐子，很不值钱，但它不漏，你看，它能盛酒吗？"韩昭侯说："可以。"

于是，堂谿公因势利导，接着说："这就是了。一个瓦罐子，虽然值不了几文钱，非常卑贱，但因为它不漏，却可以用来装酒；而一个玉做的酒器，尽管它十分贵重，但由于它空而无底，因此连水都不能装，更不用说人们会将可口的美酒倒进去了。人也是一样，作为一个地位至尊、举止至重的国君，如果经常泄露臣下商讨的有关国家的机密的话，那么他就好像一件没有底的玉器。即使是再有才干的人，如果他的机密总是被泄露出去，那他的计划就无法实施，因此就不能施展他的才干和谋略了。"

一番话说得韩昭侯恍然大悟，他连连点头说道："你的话真对，你的话真对。"

从此以后，凡是要采取重要措施，大臣们在一起密谋策划计划、方案时，韩昭侯都小心对待，慎之又慎，连晚上睡觉都是独自一人，因为他担心自己在熟睡中说梦话时把计划和策略泄露给别人听见，以至于误了国家大事。

说服他人时，有时候直接的表达未必能起到良好的效果。你如果用一种委婉的暗示法，话语软则含义深，巧妙攻击对方的心灵，使他洞察到你话中的言外之意，他便会欣然接受你的请求。这样说话，于人于己，有利而无害，何乐而不为呢？

委婉含蓄地说话更胜口若悬河。当你很想表达一种内心的愿望，但又难以启齿时，不妨使用迂回的表达方法，有时要比把话说在明处更能达到正确表达的目的，产生令人满意的效果。

沉默让你不战而屈人之兵

沉默是人们表达力量并使自己处于主动地位的一种技巧。许多人经常利用"沉默"这一策略来击败对手。他们可以制造沉默，也有方法打破沉默。当然，沉默并不是一味地不说话，而是一种胸有成竹、沉着冷静的姿态，尤其在神态上表现出一种运筹帷幄、决胜千里的自信，以此来逼迫对方沉不住气，先亮出底牌，从而达到自己的目的。

在美国石油大王洛克菲勒的一生中，曾经历过这样一件事情：一位不速之客突然闯入了洛克菲勒的办公室，直奔他的写字台，并用拳头猛击写字台的台面，大发雷霆地说："洛克菲勒，我恨你！我有绝对的理由恨你！"接着那位不速之客恣意谩骂了几分钟之久。办公室所有的职员都感到无比气愤，以为洛克菲勒一定会拾起墨水瓶向他掷去，或是吩咐保安员将他赶出去。然而，出乎意料的是，洛克菲勒并没有这样做。他停下手中的活，和善地注视着这一位攻击者，那人越是暴躁，他就越显得和善。

那位无理之徒被弄得莫名其妙，他渐渐平息下来。因为当一个人发怒时，若遭不到反击，他是坚持不了多久的。于是，他咽了一口气，他是准备好了来此与洛克菲勒做斗争的，并想好了洛克菲勒要怎样回击他，他再用想好的话去反驳。但是，洛克菲勒就是不开口，所以他也不知该如何是好了。

末了，他又在洛克菲勒的写字台上敲了几下，仍然得不到洛克菲勒的回应，不速之客只得索然无味地离去。而洛克菲勒呢，就像根本没发生任何事一样，重新拿起笔，抬起头来，轻轻地一笑，丢过去一个得意的眼色，好像是在说："干吗那么着急走啊？回来尽情地发泄吧！"然后，继续他手上的工作了。

这个故事说明了一个事实：沉默的力量很强大，面对沉默，所有的语言力量都消失了！

沉默是一种行之有效的交流手段，它和语言相比，更富有理性、更富有智慧，也更富有内涵。当你遭受到别人的无端指责和恶意诋毁的时候，你不妨保持一下沉默，因为，沉默是金，沉默更是一种力量。当你保持沉默时，对方往往因为不知道你的底牌而感到无穷的压力，这时，他的意志也将会受到动摇甚至不战自溃。如果此时你进行了反抗和争辩，那么，你的愚昧行径必将给对方以可乘之机，这样一来，不但不会得到任何友善的结局，反而会使自己进一步陷入被动和尴尬的窘境，同时也会有损自己的完美形象。

从前在英国国会开会时，曾经有一个在野党的议员，做了一段长达30分钟的质询演说。当他结束质询后，首相只用了一句"是的，先生"来回答。这位首相的内心十分沉稳，比起那位质询演说的在野党参议员，在修养上高出一筹。

沉默有时候胜过激烈的争论，它可以给对方有力的还击，同时也会尽显沉默者的大度与智慧。沉默不是退缩，也不是懦弱的表现，而是一种美德，是一种智慧。

生活中，我们难免与人发生冲突，此时，我们并不需要太多的言行表现，诗云：此时无声胜有声。默默无言反而会使对方摸不着边际，以高深莫测使其慑服。老子说的"大辩不言"就是这个道理。

俗话说："言语伤人，胜于刀枪；刀伤易愈，舌伤难痊。"遇到意见不合引发争执，沉默则能缓和双方的言辞冲突，利于化解矛盾。在现实生活中，只要我们能够适当地运用沉默、不争辩的方法，就可以以弱胜强、以柔克刚。

三思而言，小心祸从口出

"祸从口出，病从口入"这句话是千古名言。不过，如果我们仔细思量的话，这个祸从口出必然是逞口舌之利，要么是触到了别人的痛处，要么是有意打击别人，才招来了祸患。不然的话，假如你说的都是好话，怎么会来"祸"呢？

说话之前，一定要经过大脑思考，因为说者无心，听者有意，不要想说什么就说什么，否则，就有可能把事情搞砸。

人与人之间的好感难得，恶感易成，所以与人交谈交流时必须谨慎，否则一言失误，感情便会产生裂痕。也许你以为言者无惧则世上无人可惧；也许你以为心直口快可血气方刚；也许你以为捂不住话无伤大雅……也许到已没有也许时，你就该为你的不慎之语还债了。所以，说话要谨慎，如果口无遮拦，没有顾忌别人的立场，就很容易伤害别人，从而使得别人讨厌你甚至于对你进行打击报复。

科里奥拉努斯是古罗马时代一名战功赫赫的英雄，以"战神"而著称。公元前454年，科里奥拉努斯决定角逐国家最高层的执政官。在发表第一次演说时，科里奥拉努斯以自己十多年来为罗马战斗留下来的无数伤疤作为开场白。那些伤疤证明了他的勇敢和爱国，人们深为感动，一致认为他应该当选。

然而科里奥拉努斯在他的第二次演说中不但大肆吹嘘自己的战

功，傲慢地宣称自己注定会当选，还无理地指责对手，甚至还说了一些讨好贵族的无聊笑话。人们对他很失望，纷纷改变了投票意向。

科里奥拉努斯最终落选。落选之后，他满怀怨愤地重返战场，发誓要报复那些投票反对他的平民。

时隔不久，元老院针对一批运抵罗马的物品是否免费发放给百姓这个议题展开了讨论。参加这次讨论的科里奥拉努斯先是极力反对给百姓发放粮食，接着又谴责民主的要领，倡议取消平民代表（护民官），将统治权交还给贵族。

科里奥拉努斯的这些言论激怒了平民。人们成群结队地赶到元老院前，强烈要求科里奥拉努斯公开道歉，才允许他重返战场。

科里奥拉努斯迫于压力，出现在群众面前。一开始，他的发言还比较柔和，然而没过多久，就又变得粗鲁起来，甚至口出恶言，侮辱百姓。他说得越多，百姓就越愤怒，他们的大声抗议，打断了他的发言。百姓强烈要求给予科里奥拉努斯严厉的惩处，护民官商议判处他死刑。后来，在贵族的干预下，他被判决终生放逐。人们得知这一消息后，纷纷走上街头欢呼庆祝。

一个战功卓著的大英雄最终落到了这步田地，实在让人感觉有些遗憾。然而这一切是别人造成的吗？不，这是他自食其果，这都是由于他自己的傲慢和多言造成的。

如果科里奥拉努斯不那么多言，他早已经当上了执政官；如果他不那么多言，也就不会冒犯老百姓，以致人们要对他进行严厉的惩处。是科里奥拉努斯"一口"造成了自己的悲剧，他无法控制自己的言论，导致了落寞的结局。

蚊虫遭扇打，只为嘴伤人。人与人之间原本没有那么多的矛盾纠葛，往往只是因为有人逞一时之快，说话不加考虑，只言片语伤害了别人的自尊心，让人下不来台。所以，我们在社交过程中，千万不要以尖酸刻薄之言讽刺别人或者只图自己嘴巴一时痛快，否则会引来意想不到的灾祸。

南北朝时期，大将贺若敦自以为功高才大，看到别人做了大将军，唯独自己没有被晋升，口中多有抱怨之词。不久，他奉调参加讨伐平湘洲战役，打了胜仗之后，他自以为此次必然要受到封赏，不料由于种种原因，反而被撤掉了原来的职务，为此他大为不满，大发怨言。

晋公宇文护听了这些怨言以后，十分震怒，把他从中州刺史任上调回来，迫使他自杀。临死之前他对儿子贺若弼说："我有志平定江南，为国效力，而今未能实现，你一定要继承我的遗志。我是因为这舌头把命都丢了，这个教训你不能不记住呀！"说完了，便拿起锥子，狠狠地刺破了儿子的舌头，想让他记住这血的教训。

若干年后，贺若弼也做了隋朝的右领大将军，他没有记住父亲的教训，常常为自己的官位比他人低而怨声不断，自认为当个宰相也是应该的。不久，还不如他的杨素做了尚书右仆射，而他仍为将军，未被提拔，他气不打一处来，不满的情绪和怨言便时常流露出来。后来一些话传到了皇帝耳朵里，贺若弼被逮捕下狱。

隋朝当时的皇帝杨坚责备他说："你这个人有三太猛：忌妒心太猛；自以为别人不是的心太猛；随口胡说、目无长官的心太猛。"因为他有功，不久也就放了。但是他并没有吸取教训，又对其他人夸耀他和皇太子之间的关系。后来太子杨勇在隋文帝那里失势，杨广取而代之为皇太子，贺若弼的处境可想而知。隋文帝得知他又在那里大放厥词，就把他召来说："我用高颖、杨素为宰相，你多次在众人面前放肆地说：'这两个人只会吃饭，什么也不会干。'这是什么意思？言外之意是我这个皇帝也是废物不成？"这时因贺若弼言语不慎，得罪了不少人，朝中一些公卿大臣怕受株连，都揭发他过去说的那些对朝廷不满的话，并声称他罪当处死。

隋文帝见了，对贺若弼说："大臣们对你都十分的厌烦，要求严格执行法度，你自己寻思可有活命的道理？"此时，贺若弼再也不敢攻击别人了。隋文帝考虑了一些日子，念他劳苦功高，只把他的官职撤了。

父子两人都是因为祸从口出而导致身败名裂，可见，如果不能管好自己的嘴巴，那么麻烦就会随之而来。

与人交谈时，口无遮拦，很容易说错话，一旦说漏了嘴，再想要补救是很难的。我们常说三思而后行。实际上，在和人交流的时候，同样要做到三思而后说，想好什么该说，什么不该说。否则，若因言行不慎而让别人下不了台，或把事情搞糟，那是十分不合算的事。所以说话时，绝不能图一时痛快，不顾后果地随口就说，过后又后悔莫及。要想成为一个智者，就要处处做个有心人——有口，更得有心。

第四章　行为上低调一点儿

不要耍小聪明

　　每个人都想表现得很聪明，但如果一个人老是耍小聪明就成了一种愚蠢的行为。如果你是真正的聪明，就不要总是在别人面前随便地卖弄你的聪明。那样，不但使你的聪明变得廉价，有时还会给你惹来不必要的麻烦。

　　东汉末年，曹操的主簿杨修，是一个恃才傲物、卖弄小聪明的人。最终，他却因为聪明惹来了杀身之祸。有一次，曹操造了一所后花园。落成时，曹操去观看，在园中转了一圈，临走时什么话也没有说，只在园门上写了一个"活"字。工匠们不了解其意，就去请教杨修。杨修对工匠们说，门内添活字，乃阔字也，丞相嫌你们把园门造得太宽大了。工匠们恍然大悟，于是重新建造园门。完工后再请曹操验收。曹操大喜，问道："谁领会了我的意思？"左右回答："多亏杨主簿赐教！"曹操虽表面上称好，而心底却很忌恨。

　　有一天，塞北有人给曹操送了一盒精美的酥（奶酪），想巴结他。曹操尝了一口，突然灵机一动，想考考周围文臣武将的才智，就在酥盒上竖写了"一盒酥"三个字，让使臣送给文武大臣。大臣们面对这盒酥，百思不得其解，就向杨修求教。杨修看到盒子上的字，竟拿取餐具给大家分吃了。有人问他："我们怎么能吃丞相的东西？"杨修说："是魏王让我们一人一口酥嘛！"在场的文臣武将都为杨修的聪敏而拍案叫绝。而后，曹操问其故，杨修从容回答说："盒上明明写着'一人一口酥'，岂敢违丞相之命乎？"曹操虽然喜笑，而心头却很忌妒杨修。

曹操多猜疑，生怕人家暗中谋害自己，常吩咐左右说："我梦中好杀人，凡我睡着的时候，你们切勿近前！"有一天，曹操在帐中睡觉，故意落被于地，一近侍慌忙取被为他盖身上。曹操即刻跳起来拔剑把他杀了，复上床睡。睡了半天起来的时候，假装做梦，佯惊问："何人杀我近侍？"大家都以实情相告。曹操痛哭，命厚葬近侍。人们都以为曹操果真是梦中杀人，唯有杨修识破了他的意图，临葬时指着近侍尸体而叹惜说："丞相非在梦中，君乃在梦中耳！"曹操听到后更加厌恶杨修。

曹操出兵汉中进攻刘备，困于斜谷界口，欲要进兵，又被马超拒守，欲收兵回朝，又恐被蜀兵耻笑，心中犹豫不决，正碰上厨师进鸡汤。曹操见碗中有鸡肋，因而有感于怀。正沉吟间，夏侯惇入帐，禀请夜间口号。曹操随口答道："鸡肋！鸡肋！"夏侯惇传令众官，都称"鸡肋！"行军主簿杨修见传"鸡肋"二字，便叫随行军士收拾行装，准备归程。有人报知夏侯惇。夏侯惇大惊，遂请杨修至帐中问道："公何收拾行装？"杨修说："以今夜号令，便知魏王不日将退兵归也，鸡肋者，食之无味，弃之可惜。今进不能胜，退恐人笑，在此无益，不如早归，来日魏王必班师矣。故先收拾行装，免得临行慌乱。"夏侯蔼说："公真知魏王肺腑也！"遂亦收拾行装。于是寨中诸将，无不准备归计。曹操得知此情后，唤杨修问之，杨修以鸡肋之意对。曹操大怒说："你怎敢造谣言，乱我军心！"喝刀斧手推出斩之，将首级吊于辕门外。

虽然曹操事后不久果真退了兵，但平心而论，杨修之死也确实是罪有应得。杨修确实够聪明，却犯了一个为人臣的大忌，就是不该胡乱猜测统治者的心理，并加以毫无掩饰地传播。终于，他表面的聪明使他不可避免地走上了绝路。他到死都不明白，正是他的过分外露的聪明使他成了刀下鬼。他的聪明使他招人喜欢，招人赞赏，但他太过于滥用自己的小聪明，而且最糟糕的是，他又特别自恃聪明，动不动就表现出来，终究是会被人忌妒的。在明争暗斗的官场，他注定成不了大气候，注定被人扔弃在权力的道路上，而成为荒野孤魂。

聪明是一种财富，也是一把双刃剑，聪明可以使你成功发达，也能给你带来灾难，关键在于怎样把握和使用。人们大多喜欢聪明的人，但爱耍小聪明的人有时反会遭到不测。

在现代职场中，"杨修现象"也是屡见不鲜。这些人一方面习惯于猜测上司的意图行事，看着上司的眼色走路，另一方面又表现得极为自负，总显着自己比别人聪明，不断向人炫耀自己的能力。因而，他们不仅难于获得同事的喜爱，更会引起上司的反感。

翟亮曾在私企和外企工作过，由于观察能力强，他经常能提前想到老板的想法，因此深得器重。后来他跳去某机关单位，依旧处处揣摩领导的心思。开始时老板似乎很认可，夸他脑子转得快，有眼力。于是他变本加厉，经常与身边的同事交流老板的想法，预测老板下一个行动，并提前做好准备。但结果出人意料，他逐渐发现领导对自己越来越冷淡，不但不再夸奖，而且经常挑刺，没过多久，他被领导随便找了个理由，就给打发到了一个"空闲"的职位上去了。他很困惑，不是职场里都教人要懂得揣摩上司意图，提前做好准备，以得老板欢心吗？

很明显，翟亮犯了跟三国时代的杨修同样的错误：过分解读上司的意图却是致命的"自杀"行为。古人有训：君子善断，小人善猜。整天猜测上司意图的人是小人，总是炫耀自己本领的人是要小聪明的人。所以说，做人一定不要卖弄小聪明，否则就会令人生厌，给人造成不快，更主要的是，极容易把自己逼上绝路。

成功需要的是智慧，不是自以为是的小聪明。小聪明在时间面前不堪一击。若真的是个聪明人，就不会要小聪明，这样，至少可以避免弄巧成拙的难堪。

聪明反被聪明误

有个寓言讲述了一头驴自作聪明的故事：

有头驴每天驮着货物陪着主人到各地去贩卖。有一天，他们走过一座独木桥时，驴一不小心失足掉进了河里。等主人把它救上来之后，它发现自己背上的东西轻了许多。原来它驮的是食盐，掉进水里后，一部分盐就溶解了，所以就变得轻了，因祸得福让驴很高兴。过了一阵子，等他们再次从这里过桥的时候，驴因为尝到了上次的甜头，所以心存侥幸，自作聪明地认为上次掉进河里后东西轻了，这次也应该是同样的结果，于是它故意掉进河里。

可是意外的是，等主人把它救上来的时候，它发现背上驮的东西不仅没有变轻反而增重了。感到疑惑的驴问它的主人原因，它的主人拍了拍它的头笑着说："宝贝呀，你怎么总是自作聪明呢？上次你驮的是盐，盐碰到水就会溶解。可是这次你驮的是棉花，棉花碰到水不但不会溶解，还会吸水，所以才会变重呀。"

俗话说，搬起石头砸自己的脚。正好是"聪明反被聪明误"的绝妙写照。因此，无论是安于现状还是与命运抗争，都要以承认个人局限性为前提。知其可为而为之，是聪明的；知其不可为而为之，则是愚蠢的。

周瑜是庐江舒城人，与孙权的哥哥孙策同年，二人交情甚密，结为昆仲。

周瑜人生得靓，资质甚高，仪容秀丽，才学也无人可比。在曹操屯兵百万虎视长江沿岸的形势下，东吴议降者甚众，军心涣散，如果不是周瑜脱颖而出，东吴早归属曹操了。

却说刘备没了甘夫人，周瑜知道了这个消息，心生一计：将孙权的妹妹嫁与刘备，让刘备来入赘，然后把刘备幽囚在狱中，使人去讨荆州换刘备。等讨得荆州，再对付刘备。

遂派吕范为媒人，往荆州说合。不想诸葛亮听到消息，猜定是周瑜的计谋，遂让刘备应允，并让赵子龙保护刘备，临行前授予三个锦囊，内藏三条妙计。

东吴那边，孙权之母听得消息，又见刘备一表人才，真心实意要把女儿许配与他。周瑜和孙权不想此事弄假成真，又不敢公开囚禁和杀害刘备。刘备劝说新娘子去荆州，新娘子应允，于是二人商定去江边祭祖，趁机逃离东吴。周瑜派兵追赶，却被新娘子挡了回去。正当周瑜准备孤注一掷时，却见诸葛亮在岸边等候，刘备等已登了船，往荆州而去。岸上乱箭射来，船却早已去得远了。刘备的兵望着急急追来的吴兵，大叫："周郎妙计安天下，赔了夫人又折兵！"

周瑜自恃胜券在握，不想遇到了诸葛亮。这赔了夫人又折兵，实际上正是周瑜聪明反被聪明误的结果。俗语说："偷鸡不成反蚀把米。"也正是说明耍小聪明不但得不到最终结果，还要做赔本生意，令人耻笑。

每个人都想表现得很聪明，但如果一个人总是耍小聪明就成了一种愚蠢。如果你是真正的聪明，就不要总是在别人面前随便地"卖弄"你的聪明。那样，不但使你的聪明变得廉价，有时还会给你惹来不必要的麻烦。

提起《红楼梦》，谈到王熙凤，人们一方面惊叹于她无与伦比的治家才能、应付各色人等的技巧，另一方面又感慨于她的结局。她称得上是文学作品中"聪明反被聪明误"的典型。

王熙凤的判词是这样的：机关算尽太聪明，反算了卿卿性命。生前心已碎，死后性空灵。家富人宁，终有个家亡人散各奔腾。枉费了意悬悬半世心，好一似荡悠悠三更梦。忽喇喇似大厦倾，昏惨惨似灯将尽。呀！一场欢喜忽悲辛，叹人世终难定！

王熙凤在贾府想尽各种办法，使用种种计谋，想使贾府振兴起来，或者至少维持着大家的局面，同时也积攒些家私。然而她的努力，她的"鞠躬尽瘁"，换来的却是贾府上下人的一片不满，最终也没有使贾家有什么起色，死后甚至连女儿也保不住。《红楼梦》中的王熙凤活脱脱展现出了一个机关算尽太聪明的人物形象。然而，就是这样一个十分精明的人物，却落得孤家寡人，身心劳碌至死，最终又一无所得的下场，岂不正应了"聪明反被聪明误"那句话了吗？凤姐比一般人更多地体验了痛苦的折磨，且不说她在背后遭骂挨咒，劳心竭力，绞尽脑汁，就是死时的凄凉和死后的寂寞也会使她备尝苦楚。倒是李纨既不轰轰烈烈，也不劳心竭力，却落得干净自在，人缘好，以及中年时儿子的功成名就。的确，王熙凤只知进，不知退，只知要小聪明，不知厚道待人，只知损人利己，不知深藏于密。甚至连自己的丈夫也数落她，背叛她，她实在是活得好累好苦，而这一切的根源，只在于她的爱要小聪明。

一个欲成大事的人绝不会去要小聪明，炫耀自己的才能，以致遭忌妒、吃大亏，自己把机遇扼杀在摇篮里。

功成身退，切莫居功自傲

所谓持而盈之，不如其已；揣而锐之，不可长保。金玉满堂，莫之能守；富贵而骄，自遗其咎。功成，名遂，身退，天之道。其含义为，过分自满，不如适可而止；锋芒不露，势难保长久；金玉满堂，往往无法永远拥有；富贵而骄奢，必定自取灭亡。而功成名就，急流勇退，将一切名利都抛开，这样才合乎自然法则。因为无论名或利，在达到顶峰之后，都会走向其反面。

　　中国历史上许多名将名臣，他们都对其所处的朝代有十分重大的功劳，但是由于他们的功劳越积越多，结果就出现了"功高盖主"的情况。而在这些"功高盖主"的名将名臣中，有不少都得不到善终的下场，给我们留下了深刻的教训。

　　春秋末期，勾践灭吴之后，其谋士范蠡曾劝文种离开越王，否则必有杀身之祸，后又写信给文种说："我听说天有四时，春生而冬伐；人有盛衰，否极而泰来。知进退存亡而不失其正道，大概只有圣人才能做到吧！蠡虽才能低下，还能明白进退之道。高鸟已尽，良弓当藏；狡兔已死，良犬当烹。您如不忍离去，必为所害！"但文种始终不信越王会加害于己，没有离去。勾践大业已成，对功臣们态度逐渐冷淡起来，并且越来越疏远他们。文种因此而心中郁闷不乐，忧心忡忡，并且多日称病不朝。于是有人向越王诬告文种说：文种自以为是他才使君王有今天，但不见给他加官封地，心怀怨恨，故不来朝见。勾践开始对文种产生恶感。公元前427年的一天，越王召见文种说道："你有阴谋兵法，克敌制胜的九术之策，今用其三，即已灭吴，还有六术在你那里，望你能用其余的六术辅助我前王于地下，以灭吴之前人。"于是，文种仰天叹道："可悲呀！我悔不听范蠡之言，而终为越王所杀！"随即，勾践赐剑，文种自刎而死。

　　树大招风，官大担险。凡事做得太过、力量用到极点，功高盖主，就没有回旋的余地，自然无法保护自己。越是有才华有能力的人越会招来君主的猜忌，担心这些人垂涎自己的位置，自然要先动手除去他们了。所以常常总是只能同患难，不能共享福。

萧何、张良和韩信并称"汉初三杰"，前两人，在刘邦战胜项羽后，都先后或急流勇退，或处处小心谨慎才有善终。只有韩信，由于没有见好就收，成功后不懂得退步，最终成了兔死狗烹的又一例证。

虽然说历史上立下大功而招致杀身之祸的人数不胜数，不过韩信则是其中最为典型的一个。

韩信作战战术确实高明，很有一套，刘邦任他为大将也的确很有眼光。但是，刘邦对他始终不太放心，总怕他恃功谋反。而韩信呢？他的军事造诣的确高，而且不知比刘邦要强多少，但混世应变能力绝对无法与刘邦相比。他始终对刘邦存有幻想，总以为自己为刘邦出生入死，刘邦不会对他下手。在刘邦面前说话，不仅毫无顾忌，而且也没有分寸。

一天，两人在议论将领优劣时，韩信对刘邦说："您不过能带领10万兵而已。"刘邦又问："那你能领多少兵呢？"韩信自信地说："多多益善。"刘邦一笑："既然你领兵马多多益善，为何为我所控？"韩信老实地回答说："陛下不善领兵，却善领将。"

可见，刘邦对韩信的猜忌之意。

韩信的好友蒯通才智过人，他觉察出刘邦对韩信的猜忌，曾经劝说韩信要及早有所准备，否则后果不堪设想。谁知韩信听了却无动于衷，后来刘邦登基，封韩信为淮阴侯，而没有封王，令韩信甚为不快。接着刘邦出征平叛，韩信赌气不去，给人留下把柄。吕后在平叛之后以韩信谋反之名，派萧何将韩信骗入宫内，假称天子之令，杀了韩信。

当年，是萧何月下把韩信追回并推荐为大将的，而如今，又是萧何把韩信引诱入宫杀害的，这就是所谓的"成也萧何，败也萧何"。刘邦回到长安后并未责备吕后擅自杀害韩信，可见，刘邦对此还是默许的。

由此可见，见好就收，好自为之，不因贪图一时之富贵而头脑发热，这是为人处世应当注意的，不要像韩信一样，最后落得如此下场。

对于许多人来说，人生最大的害处不在外部，而在自己。一旦做出一番事业，就难免要居功自傲，而这样做的下场往往比无所作为的人更惨。如果没有办法消除他人的猜疑，必然会惹祸上身。所以，明智的人应该深谙月盈则亏，盛极必衰的道理，深畏满盈，或功成身退，或谦虚谨慎，使自己免遭伤害。

清代名臣曾国藩可谓深知官场沉浮的人，也是做官为人的典范。他进士出身，在剿杀太平天国的战争中成为清廷的"中兴名臣"。曾奉旨署湖北巡抚赏顶戴花翎，奉署两江总督，兼钦差大臣，功名达到顶峰。曾国藩常吟咏的格言是："盛时常作衰时想，上场当念下场时。"追求的境界是："花未全开月未圆。"55岁时，战乱已弥，曾国藩受到加官晋爵的嘉奖，一时权倾朝野，他却请求解除本兼各职，注销爵位，甘当平民百姓。

可见，功成不居，谦退低调，当退则退，这是一种明智的表现。在一些人生重要的十字路口，不能因一时冲动，就将事情做到极致。应当根据实际情况，该退则退。事实证明，只有像曾国藩那样功成身退，善于明哲保身的人才能防患于未然。所以，我们应该知道居功之害。

退一步海阔天空

退让是一种低姿态，如果在一些问题上适当退让，不但会让自己占据有利位置，更会博得以后的大成功。

后退是一种智慧，退一步海阔天空，以退为进，有退才有进，进进退退，这样才能更上一层楼。所以，我们必须懂得后退，懂得适当的后退，才会使人生走得更完美。

铃木太郎是日本著名的电器经销商，他在总结自己的成功之道时认为，在陷入进退两难的境地时，不仅要小心谨慎，更要高瞻远瞩，从而做出正确的选择，以赢得更大的胜利。

1960年，有一件事情对铃木太郎的震动很大。当时，日本铃木电器公司与德国西门子公司就有关技术合作问题进行了广泛而深入的商务谈判。双方陷入了谈判的困境。一方面，西门子公司坚持技术使用费的提成率要占销售总额的9％，而铃木太郎则不赞同这一提案，经过艰苦的斗争，最终把提成率压低到5％。尽管西门子公司做出了让步，却又提出新的要求：作为提成率优惠的条件即专利转让费定为60万美元，并且要一次性付清。这又让铃木太郎陷入了两难的处境。答应还是不答应，他在思索着。若答应则公司必将陷入财务危机，一场灾难势必在劫难逃；若不答应，则公司就会失去一个发展的大好时机。

铃木太郎在两种选择之间不断地权衡着利弊。当时铃木电器公司的资本总额不过4亿日元，而60万美元相当于2亿日元。这笔技术转让费对于刚刚起步不久的铃木公司来说无疑是一个相当沉重的负担。对方的要求、条件能否接受呢？妥协和退让值不值得呢？铃木太郎感到极度犹豫。此时的形势对于铃木公司来说极其不利。因为合同文本是由西门子公司单方面拟就的，这样，就有许多条款是向着他们自身的，比如，其中的违约和处罚条款的订立就明显有利于西门子公司。

在这种形势对己不利的情况下，铃木太郎高瞻远瞩地指出，退一步海阔天空，懂得退才知道进，他决定采取"假人之手，从中渔利"的经营策略：做出妥协、退让，接受对方的条件和要求，付出这笔钱，也就是先吃亏，后赚钱。这样做对铃木公司的发展，对日本电子工业的发展都是有利的，因为接受了对方的条件和要求，就可以利用他们的技术专利为自己生财，这就叫"借鸡下蛋"。

不过，铃木太郎也并非无原则地一味退让，实际上，他的每一分退都暗含着进。为了保证技术合作项目效益的稳定，他对西门子公司做了深入细致的调查研究。在调查中，他发现西门子公司拥有一个由30多名研究人员组成的研究所。这个研究所实际上就是西门子公司的大脑。他们设备先进，人员精良，每天都在进行着世界上最新技术和最新产品的开发研究，这也是西门子引领世界先进潮流的秘密所在。

铃木太郎暗自思忖，如果要他创办一个同等水平、同样规模的研究所，无疑得花上几十亿日元和几年的时间，而现在，仅以2亿日元为代价，便可以充分利用西门子公司研究所的人员和设备，等于是拿2亿日元和几十亿日元交换。这实在是一笔非常划算的交易。可惜，大多数的人却看不到这一点，只是心痛于表面上花的那些钱。

既然可以最大限度地达到"假人之手，从中渔利"的效果，那又何乐而不为呢？铃木太郎力排众议，毅然和西门子公司签订了合作协议。按照合同规定，西门子公司派出了技术骨干到铃木公司，把西门子公司的技术、知识和管理经验都传授给了铃木公司。

所以，当时凡是世界上最先进的科技成果，几乎都有铃木公司的参与，这为他们一举成为驰名全日本乃至全世界的公司打下了坚实的基础。可以这样说，双方的合作使铃木公司开始确立了他们国际大公司的地位。

在铃木电器公司与西门子公司的这场交易中，铃木太郎巧妙地运用了"假人之手，从中渔利"的技巧，从表面上看，似乎是他落了下风，不仅做出了妥协和让步，而且还接受了西门子公司巨额的专利转让费和不公正的违约和处罚条款。

但事实证明，铃木太郎才是这场没有硝烟的战争中最大的赢家。他一时的让步和委屈，换回的是公司发展的强大的助推器——西门子公司独步世界的技术实力和影响力，从而使铃木公司最终发展成了世界上一流的电子工业公司。西门子公司还是那个西门子公司，而铃木公司却早已非昔日的铃木公司了。

临渊羡鱼，不如退而结网。有时，适当适时地退守，正是为了取得更大的进步。当然，应该说明的是，提倡退一步，让一步，并不是说什么事情都退让，什么时候都退让。只有当退让的结果是牺牲小利益，获取大利益时，才值得退让。退让也要有度，超过度是迁就，就变成了懦弱，那也是不足取的。

俗话说，退一步路更宽。这里所说的退是另一种方式的进。暂时退却，养精蓄锐，以待时机，这样的退后再进则会更快、更好、更有效、更有力。退是为了以后再进，暂时放弃那些有碍大局的目标是为了最后实现更大的成功。这种"退"更是一种进取的策略。

人的一生之中，不可能什么事都一帆风顺，总会遇到各种各样的困难，无论是来自自身的，还是来自外界的，都在所难免。故古人云：能进能退，是为英雄，能屈能伸，方为丈夫。因此我们应学会暂退一步，以退为进，方能扭转乾坤。

总之，对于成功者来说，只要人生目标的大方向没变，有时候以退为进也不失是一种明智的选择。

宁拜人为师，勿好为人师

孟子说："人之患在好为人师。"这里的"好为人师"，并不是从事一种职业，而是指一种心态：觉得自己处处比别人优越，处处教导别人。乐于教导别人的人，对知识往往只是一知半解，而没有真才实学的人，一旦喜欢上对别人指指点点，就会在不经意间对自己的不足之处不能自察，对于其个人以及社会都形成了隐患。

好为人师是一种不谦虚的行为。在这样一种思维的指导下，热心和友善会化作否定和厌恶。如此一来，失落感和不满便油然而生，长此以往不利于人际的交往。

有位世界级的小提琴家在为学生指导演奏时，从来都不说话。

每当学生拉完一首曲子之后，他会亲自再将这首曲子演奏一遍，让学生们从聆听中学习自己的拉琴技巧。

他总是说："琴声是最好的教育。"

这位小提琴家在收新学生时，都要求学生当场表演一首曲子，算是给自己的见面礼，也便于他先听听学生的底子，再给予分级。

这天，他收了一位新学生，琴音一起，每个人都听得目瞪口呆，因为这位学生出神入化的琴声有如天籁。

学生演奏完毕，老师照例拿着琴上前，但是，这一次他却把琴放在肩上，久久不动。

最后，小提琴家把琴从肩上拿了下来，并深深地吸了一口气，接着满脸笑容地走下台。

所有人都感到非常诧异，没有人知道发生了什么事。

小提琴家说："你们知道吗？这个孩子拉得太好了，我恐怕没有资格指导他。最起码在这首曲子上，我的表演将会是一种误导。"

这时大家都明白了他宽阔的胸襟，顿时响起一阵热烈的掌声，送给学生，更送给这位小提琴家。

事实上，我们应该抱着互相学习的精神去提醒别人，而不应该用自以为是的态度去教导别人，这样不但会失去自己的本性，也扭曲了别人的本性。

在人性的丛林里，强人为师，好为人师很可怕。喜欢当别人的老师、喜欢指指点点而无所顾忌，不但自己很难再有进步，还会触犯别人的自尊心。因为每个人都在努力建立一个坚固的自我，以掌握对自己心灵的自主权，并经由外在的行为来检验坚固的程度，你若不了解此点而去揭露他的错误，他会明显地感受到他受到了你的侵犯，有可能不但不接受你的好意，反而还会采取不友善的态度。

纽约有一位年轻的律师，他参加过一个重要案子的辩护，这个案子牵涉了一大笔钱和一项重要的法律问题。在辩论中，一位最高法院的法官提醒年轻的律师说："海事法追诉期限是6年。"律师连想都没想，直接反驳说："不。庭长，海事法没有追诉期限。"

这位律师后来说："当时，法庭内立刻静默下来，似乎连气温也降到了冰点。虽然我是对的，他错了，我也如实地指了出来，但他没有因此而高兴。他表面上显出很赞赏的样子，但可看得出，当时他脸色铁青，令人望而生畏。尽管法律站在我这边，但我犯了一个大错，居然当众指出一位声望卓著、学识丰富的人的错误，无意中树立了一个对自己有成见的'冤家'。"

这位律师确实犯了一个"比别人正确"的错误。在指出别人错了的时候，为什么不能做得更委婉一些呢？

如果有人对你说了一句他认为是错误的话，你这样说效果一定会更好："唔，我倒有另一个想法，但也许不对，我常常弄错。如果我弄错了，我很愿意得到纠正。"这将会收到神奇的效果。无论什么场合，试问，谁会反对你说"我也许不对"呢？

因此，在社会生活中，好为人师显然不是件好事。与其好为人师招惹麻烦，不如去拜人为师，求自己成长。

春秋时代，孔子曾周游列国。传说有一天他从卫国到陈国去，途中经过一片桑林，看到采桑女们正在采桑。孔子吟咏道："南枝窈窕北枝长。"正想继续吟下去，想不到其中一个采桑女文思敏捷，拾取孔子原韵，接口吟道："夫子游陈必绝粮。九曲明珠穿不过，折回问我采桑娘。"孔子讨了个没趣，来不及思索采桑女续诗的含义，就掩面离去。

孔子到了陈国，被大夫发兵围困，并出难题，责令他穿九曲珠，才放他行。孔子不会穿，这时才想起采桑女所吟的诗，急忙派学生颜回和子贡沿旧路返回，向采桑女请教。

采桑女见颜回两人来到，没有马上出来相见。她吩咐家里的人一面说自己不在家，一面拿出一只瓜送给二人考验他们。子贡是个聪明人，见了瓜就知道采桑女的意思，他说道："瓜，子在内啊！想必是姑娘还在家中。"采桑女见到献瓜之意被解破，这才从里面走出来说："穿九曲珠不难。只要用涂有蜂蜜的丝线绑住蚂蚁，就可以穿过。要是蚂蚁不肯从九曲珠穿过去，再用烟来熏它，一定能穿过。"

颜回二人立即赶回陈国。孔子按照采桑女的话去做，果然穿过了九曲珠，解了重围。

可见是人都有无知的时候，不是凡事都能知晓的。孔夫子这样的大圣人尚且有被难倒的时候，更何况一般人呢？圣人之所以受人尊重被人敬仰，更重要的是他自知，为人谦虚。

虽然很多人都懂得这个道理，却没有人参透这句话的含义。现实生活中很多人都把自己禁锢起来，如同井底之蛙而不自知，对于比自己有智慧的人加以否决，加以批判，因为无知而无法接受这种现实，因为心胸狭窄而继续停滞不前，这种人永远都不会有所成就的。只有去肯定别人，向强者学习才能有所进步。所以，与其去好为人师，指责、批评他人，倒不如拜人为师，以人为镜，可以明得失，让别人来提高自己。

适时藏锋，学些明哲保身之道

自古以来，人们就把藏锋敛迹、隐身自保视为一种处世的大智慧。在大功重赏面前，或身居高位后，一定要学会藏锋敛迹，该退就及早脱身，远离虎口是非之地，千万不要把自己变成对方射击的靶子。

清朝名将年羹尧，自幼读书，颇有才识，他后来建功沙场，以武功著称。这位显赫一时的大将军多次参与平定西北地区的武装叛乱，曾经屡立战功、威镇西陲。

因为他的卓越才干和英勇气概，年羹尧备受康熙和雍正的赏识，成为清代两朝重臣。康熙在位时，就经常对他破格提拔，到了雍正即位之后，年羹尧更是备受倚重，和隆科多并称雍正的左膀右臂，成为雍正在外省的主要心腹大臣。年羹尧不仅在涉及西部的一切问题上大权独揽，而且还一直奉命直接参与朝政。雍正对年羹尧的宠信到了无以复加的地步。此时的年羹尧，真是志得意满，完全处于一种被恩宠的自我陶醉中。

年羹尧自恃功高，做出了许多超越本分的事情，骄横跋扈之风日甚一日。他在官场往来中趾高气扬、气势凌人。他赠送给属下官员物件的时候，令他们向着北边叩头谢恩。在古代，只有对皇帝能这样。发给总督、将军的文书，本来是属于平级之间的公文，而他却擅称"令谕"，把同级视为下属；甚至蒙古扎萨克郡王额附阿宝见他，也要行跪拜礼。这些都是不合乎朝廷礼仪的越矩举动。

对于朝廷派来的御前侍卫，理应尊敬优待，年羹尧却把他们留在身边当作一般的奴仆使用。按照清代的制度，凡上谕到达地方，地方人员必须行三跪九叩大礼迎诏，跪请圣安，但雍正的恩诏两次到西宁，年羹尧竟然不行礼而宣读圣谕。

有一次打仗归来，年羹尧进京拜见雍正，在赴京途中，他令都统范时捷、直隶总督李维钧等跪道迎送。到京时，黄缰紫骝，郊迎的王公以下官员跪接，年羹尧却安然坐在马上，连看都不看一眼。王公大臣下马问候，他也只是点点头而已。更有甚者，在雍正面前，他的态度竟也十分骄横，不遵循大臣应守的礼仪，让雍正非常不高兴。

年羹尧陪同雍正皇帝在京城郊外阅兵，雍正对士兵们说："大家辛苦了，可以席地而坐。"连下了三道圣谕都没有一个人动，直到年羹尧说："皇上让大家席地休息。"这时全体士兵才整齐地坐下，盔甲着地声震动山野。雍正觉得很奇怪，年羹尧解释说，将士们长期在外打仗，只知道有将军，哪知道有皇帝？这本身虽然说明年羹尧治军有方，但年羹尧本来就功高震主，飞扬跋扈，雍正当时早已产生不满情绪。

年羹尧不仅凭着雍正的恩宠而擅作威福，还结党营私，培植私人势力，每有肥缺美差必定安插他的亲信。此外，他还借用兵之机，虚冒军功，使其未出籍的家奴桑成鼎、魏之用分别当上了直隶道员和署理副将的官职。

年羹尧的所作所为引起了雍正的警觉和极度不满。年羹尧职高权重，又妄自尊大、违法乱纪、不守臣道，招来群臣的嫉恨和皇帝的猜疑是不可避免的。雍正是自尊心很强的人，又很喜欢表现自己。年羹尧功高震主，居功擅权，使皇帝落个受人支配的恶名，这是雍正所不能容忍的，也是雍正最痛恨的。于是他几次暗示年羹尧收敛锋芒，遵守臣道，但年羹尧似乎并没放在心上，依旧我行我素。

不久之后，风云骤变，弹劾年羹尧的奏章连篇累牍，最后他被雍正帝削官夺爵，列大罪92条，赐自尽。一个曾经叱咤风云的大将军最终命赴黄泉，家破人亡，如此下场实在是令人叹惋。

有功者往往居功自傲，盛气凌人，贪权恋势，殊不知杀身之祸多由此而起。十分功绩，若夸耀吹嘘，则仅剩七分，如果凭着功劳而骄傲自大，目中无人，甚至仗势欺人，那么功绩自然又减三分。自明者不管功劳如何卓著，都懂得谦虚谨慎，面对人生荣辱得失，以平常心态视之，当抽身时须抽身。因此，当我们处于人生巅峰时，就要懂得有舍有得，只有这样才能够更好地生存下去。生活中，人们应该懂得藏锋敛迹、见好就收，切不可过于贪心，踏着欲望攀升的阶梯，无止境地被欲壑所累。所有高明的人均行此策。退得妙恰如进得巧。一旦获得足够的成功，即使有更多的机会，也要见好就收。

秦王二十二年（公元前225年），秦王派大将军王翦的儿子王贲进攻魏国，魏王投降。魏被灭后，秦国已消灭了多个敌国。为了尽快统一全国，秦准备尽早灭楚，但是楚国毕竟是一个大国，秦王在灭楚时多少有些谨慎。他在需要多少兵力的问题上开始征求众将的意见，年轻气盛的李信说最多不过20万人，而老将军王翦则说至少需要60万人。

秦王觉得王翦说这样的话是因为年老体衰，胆子已经变小了，于是他不顾众人的反对，让李信和蒙恬率20万大军去伐楚。王翦的意见没有被采用，他便称病回老家频阳去了。

由于李信心高气傲，准备不足，结果在与楚军交战中，惨败而归。楚军在打败李信的军队后，还一直向西进军，大有反攻秦国的势头。秦王得到消息后，大为震怒。这时他想到老将王翦的话，于是亲自赶往频阳，向王翦检讨自己的失误，请王翦出来率领大军攻楚，并表示愿意听从王翦的谋划，让其带60万大军出征。

王翦率军临行时，请求秦王先赏赐给自己一些良田美宅。秦王答应了他的请求。王翦在征伐楚国的过程中又先后五次派使者向秦王请求赏赐良田。有人觉得王翦太贪了，建议他适可而止。王翦这才道出自己多次请求赏赐的原因，他知道秦王暴戾疑人，现在这支60万的大军几乎是秦国的全部军力，如果他不多次请求赏赐来表示自己的忠诚，秦王就会对他产生怀疑。

一年后，王翦灭掉了楚国，俘虏了楚王。在伐楚之时，王翦用请求赏赐田地来消除秦王的疑心。从王翦率60万秦军伐楚直到班师回朝，秦王都不曾怀疑过他，实属难得。王翦带兵灭楚可谓是功高震主，但他很懂得明哲保身，因此得以安逸终老。

人生就像一朵花一样，不可能永远怒放。当你志得意满或功成名就时，切不可欲壑难填，没有止境，不然你肯定会成为众矢之的。所以，在自己的事业获得一定成功的时候，要适可而止，自知满足。保持人生完美，得以善终之道，奥妙即在此。明智的人知道什么时候该让一匹赛马退役，他们不会坐等它在比赛的中途颓然倒下，成为众人的笑柄。只有能够好好地把握自我，不求全，你的人生才会拥有幸福和快乐！

第五章　处世时低调一点儿

学会低头也是一种智慧

人人都希望自己能成为顶天立地的人，都愿意做有骨气的人，却不懂得木秀于林，风必摧之的道理。当然，这不是说为人处世就一定要卑躬屈膝，而是要懂得适当低一下头，避过风头再向前。

加拿大魁北克省有一条南北走向的山谷，它的西坡长满松、柏等树，而东坡只有雪松。其中的缘由是每当暴风雪来临时，雪松上就落上厚厚的一层雪，当雪积到一定程度，雪松那富有弹性的枝丫就会向下弯曲，直到雪从枝上滑落，这样反复地积、反复地弯、反复地落，雪松完好无损，可其他的树却没有这个本领，因此它们的树枝很容易被压断。由于特殊的风向，东坡的雪总比西坡的大，因此，西坡会有些雪松之外的树挺过风雪，生存下来。

上述自然现象昭示人们，当生命的负荷到了确实难以承受的时候，不妨像雪松一样适时适度地弯曲，以卸掉多余的沉重，从而求得更好的生存与发展。

人生在世，对于外界的压力，我们要尽可能地去承受，在承受不住的时候，不妨低下头，这样就不会被压垮。

有个女孩子大学刚毕业，工作不太顺利。一些职场的规则，跟她想象中的一点都不一样，这让她有些郁闷。这次放假回家，她向父亲诉说了苦恼。

父亲听后说："人可以不弓，但背得弯下来。只有低下头，你才有机会储备能力，才有机会把头抬起来。"她听后仍然不是很理解。

第二天早上，父亲叫她起来，带她去了野外。昨夜的一场大风让这里一片狼藉，更多了一分萧瑟。父亲听她叹了口气，便知道她只看到了大风的残酷，而没有发现什么，就对她说："你看，昨天的大风，让一些树倒了，而那些芦苇却好好的。知道这是为什么吗？那是因为，大风来临的时候，芦苇尽力地弯下来，甚至与地面平行，这样它们才能在今天的阳光下生存。"

女孩听后若有所思，点了点头说："我明白了。"

故事里的女孩子明白了什么呢？她明白了做人的一个道理：当你处在弱势的时候，要懂得把头低下来，给自己留个生存发展的空间，而不是争做强人、争做能人。有人曾经说过："你要成英才，得先当奴才；要想有人格，得先丢人格；要得其内方，必行其外圆。"这话虽然有点夸张，却不无道理。一味地逞强势必不能有好结果。而如果我们做人强在心，弯在表，效果一定会更好。

这是多么重要的人生一课！佛家的哲学就在这个小门里，人生的哲学也在这个小门里。人生之路，尤其是在通向成功的路上，几乎是没有宽阔的大门的，所有的门都是需要低头侧身才可以进去的。所以，我们要学会低头。只有适时地学会低头，我们才能更好地应对各种矛盾，适应不同环境，承受诸多的压力。

学会低头，学会融入生活，这是我们每一个人成长的必经之路。在个性化、时尚化、特殊化泛滥的今天，或许很多人会对向生活低头嗤之以鼻，以为是陈年旧物。其实，学会向生活低头，就是学会了更好地融入周围的生活圈子中，更快地适应生活。深谙"外圆内方"的处世之道，能够更好地同别人打交道，多为别人考虑，少为满足自己的私欲而损害他人的利益，如此也更容易赢得大家的欢迎。

总之学会低头，是处世的一门基本学问，是为人的一种至高境界，是认真生活的一种很好的体会和总结。

给人留情面，为自己留后路

在人际交往中，这样的事情时有发生，不懂得给人留情面，常常会使自己处于被动地位，进退维谷。

有一天，几个同事一起吃饭，席间谈笑风生，气氛很好。老王和小陈的女友小孙聊得甚是投机，但一件小事使得这次聚会变得很不和谐。小孙是大学函授专科，但碍于面子，她撒了个小谎说自己是本科毕业，没想到老王对她所说的母校甚是熟悉，于是打破砂锅问到底，结果使小孙漏了馅，弄得场面好不尴尬。从此，老王和小陈的关系也渐渐地淡了下来。

由此可见，一个人说话办事，如果不懂得给别人留些情面，不识相，就会造成彼此的尴尬与不愉快。席间，小孙说的时候神色已有几分不自然，老王也不是糊涂人，应该顺水推舟，可是他却不知趣，非要和人家小姑娘较劲，使人家出了丑，结果自己也不好过。

慈禧是个京剧迷，每次看完京剧后，常赏赐艺人一点东西。一次，著名演员杨小楼唱完戏后，慈禧很满意，便将桌子上的糕点赏赐给他。

杨小楼叩头谢恩，但他不想要糕点，便壮着胆子说："叩谢老佛爷，这些宫廷美食，奴才无福消受，能否另外恩赐点……"

"要什么？"慈禧心情高兴，并未发怒。

杨小楼又叩头说："老佛爷可否赐墨宝给奴才？"

慈禧听了，一时高兴，便让太监捧来笔墨纸砚。慈禧举笔一挥，写了一个"福"字。

站在一旁的小王爷，看了慈禧写的字，悄悄地说："福字是'示'字旁，不是'衣'字旁的呀！"

字写错了，这让杨小楼左右为难。若拿回去被人看到，会说他有欺君之罪。若不拿回去，慈禧一怒就会要自己的命。要也不是，不要也不是，他一时急得直冒冷汗。

气氛一下子紧张起来，慈禧太后也觉得挺不好意思，既不想让杨小楼拿去错字，又不好意思再要过来。

这时，旁边的李连英赶紧上前说道："老佛爷之福，比世上任何人都要多出一'点'呀！"

杨小楼一听，也随声附和道："老佛爷福多，这万人之上之福，奴才怎么敢领呢！"

慈禧正为下不了台而发愁，听他们这么一说，急忙顺水推舟，笑着说："好吧，隔天再赐给你吧！"就这样，李连英为二人解脱了窘境。

就这样，简简单单一句话，成功化解了慈禧的面子危机。原本给别人题字，却把"福"字多写了一个点，在众目睽睽下，是件下不来台的事儿。幸亏李连英反应快，找了个说法把这个错误给"补圆"了。这样，既成功化解了慈禧的危机，也为自己赢得了一份人情。

一位丈夫请妻子到餐馆吃生日餐，有道菜是"蚂蚁上树"，可端来的菜盘里只有粉丝不见肉末。妻子故作不知，问服务员："服务员，这道菜叫什么？"服务员仔细一看，不好意思地回答："蚂蚁上树。""怪了，怎么只见树不见蚂蚁？"妻子有些得理不饶人。面对一声高过一声的诘问，服务员十分窘迫。丈夫见状，马上接过话来："老婆，大概蚂蚁太累了，还没爬上来。服务员，麻烦你给老板说一声，赶紧给我们换一盘爬得快的蚂蚁，要知道时间就是生命呀。"服务员如释重负，赶紧为他们换了一盘名副其实的"蚂蚁上树"。这位丈夫真是善解人意，他的话幽默风趣而又大度，既缓解了紧张的气氛，又让双方都找到了体面下台的契机。妻子听了他的话，会心一笑；服务员呢，则带着感激的心情，想办法补偿过失。

这样机智处理问题的人，才是睿智成熟的交际高手。在日常生活中，若能适时地给人台阶下，不仅能使自己获得对方的好感，而且也有助于自己树立良好的社交形象，甚至可以交到很好的朋友、巩固更多的合作伙伴。

　　在社会中，懂得给对方留情面的人往往会受人欢迎，他们对你的这一举动也会心存感激。

糊涂一下也无妨

　　"聪明难，糊涂难，由聪明而转入糊涂更难。"郑板桥的这句话非常有道理。世界上，聪明的人很多，但能由聪明而转入糊涂的人则很少。俗话说："假聪明的人糊涂一生，装糊涂的人聪明一世。"说的正是这个意思。

　　生活中有很多这样的人，他们看起来会做人，而且聪明伶俐，简直能把现实当成烂熟于心的棋盘，做什么都驾轻就熟，然而，他们一生却并没有太大的成就。而那些表面糊涂内心聪明的人却不然，他们在人群里显得很平凡，表面上糊涂得很，内心却是世事洞明，在他们的"小糊涂"中蕴含着"大智慧"。

　　《红楼梦》中的宝钗就是一个很会装糊涂的人。在生活中，宝钗并不像黛玉一样真情流露，而是常常把自己的聪明隐藏起来。她表面上少言寡语，一举一动显得端庄贤淑，但实际上她熟谙世故，城府极深，来了贾府这几年，虽然表面上不言不语，安分守己，实则留心观察，因此即使是在荣国府这个人事复杂、矛盾交错的环境里也生活得左右逢源，如鱼得水，甚至就连那个几乎忌恨一切的赵姨娘也赞她"很大方""会做人"。她凡事本着"不关己事不开口，一问摇头三不知"的为人处世原则，从来不刻意表现自己，不像黛玉那样用尖酸刻薄的话语指出一些事情的真相，而总是充耳不闻，揣着明白装糊涂。

宝钗的聪明是一种很隐秘的聪明，史湘云要起诗社的时候，因为没有钱，宝钗便趁机要替史湘云设东，告诉湘云要从自家带东西来款待大家，出门的时候却叫一个婆子来说："明日饭后请老太太、姨娘赏桂花。""聪明"的宝钗表面上是帮了湘云的大忙，但实际上是给另一段金玉良缘的一次打击。她借口请大家，实则是为讨好真正掌权的封建大家长。她的"糊涂"恰恰是她的聪明之处，因为她的"糊涂"，家长才将她而不是黛玉嫁给宝玉，这就是装糊涂装出来的结果。

事实上，揣着明白装糊涂是一种达观、一种洒脱、一份人生的成熟、一份人情的练达。糊涂处事、精明做人可以给人一种平和的感觉，从而在吸收别人精华的同时，为自己的前途添加动力。

糊涂是大智若愚、宽怀忍让；是大勇若怯，以柔克刚；是处事不悖，达观权变；是有所不为，而后有为；是宠辱不惊，是非心外；是得意淡然，失意泰然；是宽容忍让，不计前嫌；是不为物喜，不为己悲；是乐天知命，顺应自然；是淡泊名利，知足常乐；是与世无争，宁静致远；是居安思危，未雨绸缪；是保静养神，清心寡欲；是沉默是金，寡言鲜过；是谤我容之，侮我化之……

难得糊涂，人才会清醒，才会清静，才会有大气度，才会有宽容之心。说到这里，你应该明白了吧？我们说的"难得糊涂"就是不糊涂。所以，"难得糊涂"也是低调做人的一种智慧。

生活中，真正的聪明人，他们遇事不自作聪明，高谈阔论，大发议论，相反他们总会摆出一副什么都不知道、什么都不清楚的样子，躲躲闪闪装糊涂。这样的人心知肚明，但是什么人也不会得罪。他们不管处在什么样的环境中都能够活得很舒坦，活得逍遥自在，活得游刃有余。因此，糊涂不一定是昏庸，也是为人处世的豁达大度，拿得起，放得下。

学会在妥协中保全自己

有这样一则寓言：

妥协是一种生存智慧。妥协，并不是简单地向别人低头、单纯地让步或轻易地放弃，它只是一种有分寸的后退，一种适度地低头，在困难与压力面前低头是人的一种基本生存能力。在强大的压力面前，死撑硬拼只能换来无谓的牺牲。

妥协是人在群体生活当中必须要学会的一种本领。人与人之间的妥协，是一种谦让、一种大度、一种宽容。当两个人之间发生摩擦或者冲突时，相互妥协，就会化干戈为玉帛。

其实，事情往往就是这样。妥协是在双方陷入两难境地的时候一种最佳的出路，从始至终都闪耀着智慧的五彩光芒。

现代生活中，妥协已成为人们交往中不可缺少的润滑剂，发挥着越来越重要的作用。许多非常有成就的人的过人之处也就是他们学会妥协，能包容、接受与自己意见相左的观点。

松下幸之助在创立自己的公司后，对公司员工的要求非常严格，每次大的决策势必亲自参加。但是他并不是一个只看中自己，完全不听取其他人意见的人。

在一次决策会上，松下幸之助对一位部门经理说："我个人要做很多决定，并要批准他人的很多决定，实际上只有40%的决策是我真正认同的，余下的60%是我有所保留的，或我觉得过得去的。"经理觉得很惊讶，假使松下幸之助不同意的事，大可一口否决就行了，完全没有必要征求旁人的意见。

松下幸之助接着说："我不可以对任何事都说不，对于那些我认为算是过得去的计划，大可在实行过程中指导它们，使它们重新回到我所预期的轨道上来。我想一个领导人有时应该接受他不喜欢的事，因为任何人都不喜欢被否定。我们公司是一个团队，并不仅仅是我一个人的公司，需要大家的群策群力，妥协有时候会使公司更强大、人际关系更融洽。"一番话让这个经理动容不已。

善于妥协不仅是一种明智的选择，而且是一种美德。能够妥协，意味着是对对方的尊重，意味着将对方的利益看得和自身利益同样重要。在个人权利日趋平等的现代生活中，人与人之间的尊重是相互的。只有尊重他人，才能获得他人的尊重。因此，善于妥协就会赢得别人更多的尊重，成为生活中的智者和强者。

《菜根谭》中说："路径窄处留一步，与人行；滋味浓的减三分，让人嗜。此是涉世一极乐法。"妥协从退让开始，以胜利告终，表面是以对方利益为重，实则是为自己的利益开道。以小步的退却换取大踏步地前进，何乐而不为呢？人生的算法不是一加一等于二那么简单的事情。不合时宜的进，其实是在大踏步地后退；积极巧妙的退，却有可能是实际意义上的前进。

中篇　淡定

　　宠辱不惊，闲看庭前花开花落；去留无意，漫随天外云卷云舒。只有淡定的人生才能有如此之气魄，如此之境界。人生虽然短暂，但是在这短暂的时间里，我们仍然可以用淡定的心态让生活过得充实。淡定的人生不是消极、不思进取的，而是在人生的大风大浪中保持沉稳的姿态，这样才能让生活美满、和谐，让人生丰富多彩！

第一章　修身养性，忌浮忌躁要淡定

成功需要耐心

现实生活中，很多人都有积极行动的勇气，却常常缺乏等待胜利果实到来的耐心。成大事者，很多情况下不能大急大躁，而应有足够的信心和耐心等待机会并创造机会。

史载，武王计划伐纣，一日，遇到了姜子牙，向他请教什么时候伐纣最好。姜子牙通过分析，认为纣王虽然昏庸，但商朝的气数未尽，应该耐心地等待，到商朝气数完全衰竭的时候再出兵，则易取得胜利。武王采纳了姜子牙的意见，耐心地养精蓄锐、等待时机，一直等了十五年。十五年后，商朝气数殆尽，武王出兵伐纣，果然势如破竹，大获全胜。

这说明，耐心是成功的磨刀石，学会了等待时机，离成功也就不远了。想成就大业的人，要有忍耐的精神，不应该被自己一时的冲动所左右，要想取得最后的胜利，就要分清远近大小和轻重缓急，在该舍的时候要忍痛割爱，在该忍耐的时候要从长计议，谨慎行事。

成功需要最后的那一点耐心，放弃的时候，也正是离成功最近的时候，这是人生不变的定理——人生犹如一条狭长漆黑的小巷，我们都穿行其中，而且都不知道巷子的长度，只有走到了巷子的出口才算成功。走在这样一条寂寞的小巷里，必须要有足够的耐心。毫无疑问，离巷子出口最近的地方，就是我们熬不下去、准备回头的地方。

有一位著名的推销大师，即将告别他的推销生涯，应行业协会和社会各界的邀请，他将在该城中最大的体育馆做告别职业生涯的演说。那天，会场座无虚席，人们在热切地、焦急地等待着那位著名的推销员做精彩的演讲。

当大幕徐徐拉开，舞台的正中央吊着一个巨大的铁球。为了这个铁球，台上搭起了高大的铁架。一位老者在人们热烈的掌声中走了出来，站在铁架的一边。他穿着一件红色的运动服，脚下是一双白色胶鞋。人们惊奇地望着他，不知道他要做出什么举动。这时两位工作人员抬着一个大铁锤，放在老者的面前。主持人这时对观众讲：请两位身体强壮的人到台上来。好多青年站起来，转眼间已有两名动作快的跑到台上。老人这时开口和他们讲规则，请他们用这个大铁锤去敲打那个吊着的铁球，直到把它荡起来。一个青年人抢着拿起铁锤，拉开架势，抢起大锤，全力向那吊着的铁球砸去，一声震耳的响声，那吊球动也没动。他就用大铁锤接二连三地砸向吊球，很快他就气喘吁吁。另一个人也不示弱，接过大铁锤把吊球打得叮当响，可是铁球仍旧一动不动。台下逐渐没了呐喊声，观众好像认定那是没用的，就等着老人做出什么解释。会场恢复了平静，老人从上衣口袋里掏出一个小锤，然后认真地，面对着那个巨大的铁球。他用小锤对着铁球"咚"地敲了一下，然后停顿一下，再一次用小锤"咚"地敲了一下。人们奇怪地看着，老人就那样"咚"地敲一下，然后停顿一下，就这样持续地做着。

十分钟过去了，二十分钟过去了，会场早已开始骚动，有的人干脆叫骂起来，人们用各种声音和动作发泄着他们的不满。老人仍旧一小锤一小锤地工作着，他好像根本没有听见人们在喊叫什么。人们开始愤然离去，会场上出现了大片大片的空缺。留下来的人们好像也喊累了，会场渐渐地安静下来。

大概在老人进行到四十分钟的时候，坐在前面的一个妇女突然尖叫一声："球动了！"霎时间会场鸦雀无声，人们聚精会神地看着那个铁球。那球以很小的摆度动了起来，不仔细看很难察觉。老人仍旧一小锤一小锤地敲着，人们都听到了那小锤敲打吊球的声响。吊球在老人一锤一锤的敲打中越荡越高，它拉动着那个铁架子"咣咣"作响，它的巨大威力强烈地震撼着在场的每一个人。终于场上爆发出一阵阵热烈的掌声，在掌声中，老人转过身来，慢慢地把那把小锤揣进兜里。

老人开口讲话了，他只说了一句话：在成功的道路上，如果你没有耐心去等待成功的到来，那么，你只好用一生的耐心去面对失败。

很多时候，尽管我们也曾经全身心地投入过，也曾经拼搏过，但常常在成功即将来临的时候，又失去了最后的耐心，这时的成功实际上离我们只有一步之遥，仅仅是一步之遥，只要耐心地坚持一下，成功也同样会属于我们，然而我们却鬼使神差地放弃了，回过头来当我们醒悟的时候为时已晚，后悔莫及了。

俗话说，欲速则不达。成功不是一蹴而就的，要有耐心才行。当我们为某个目的努力奋斗了一段时间而未果的时候，如果没有足够的耐心而放弃，那么，成功将会与你擦肩而过。

从小事做起，切勿眼高手低

挑三拣四，要求高，但实际上能力低，小事不愿做，大事做不了……这种眼高手低的人在现实中普遍存在。他们普遍存在浮躁思想，老想着干大事，小事不屑于做，即使做了，感情上老是不情愿，心里也觉得不舒服、受委屈。有这样心态的人小事肯定是干不好的，连小事都干不好的人，怎么能干大事呢？

黄倩是某著名外国语大学毕业的高才生，她一心想进大型的外资企业，最后却不得不到一家成立不到半年的小公司栖身。心高气傲的她根本没把这家小公司放在眼里，她想利用试用期"骑驴找马"。

在黄倩的眼里，这家小单位是这样的：有不修边幅的老板、不完善的管理制度、土里土气的同事……自己理想中的工作可完全不是这么回事。"怎么回事？""什么破公司？""整理文档？这样的小事怎么让我这个才高八斗的人才来做呢？""这么简单的文件必须得我翻译吗？"……

就这样，黄倩天天抱怨老板和同事，愁眉不展、牢骚不停，而实际的工作却常常是能拖则拖，能躲就躲，因为这些芝麻绿豆的小事根本就不在她的心上。

终于有一天，老板找她谈话，说："我们认为，你确实是个人才，但你似乎并不喜欢在我们这种小公司里做事，因此，你对工作敷衍了事。既然如此，还是请你另谋高就吧！"

被辞退的黄倩这才清醒过来，当初自己应聘到这家公司也是花了不少力气的，而且，就眼前的就业形势，再找一份像这样的工作也很困难啊！刚步入社会，就被炒鱿鱼，黄倩非常伤心与后悔。

生活中，总有很多人和故事中的黄倩一样，他们一进公司，就非常眼高，急于表现自己的才能，会提出一些不切实际的计划。结果证明往往非常手低，以失败告终。

对于刚刚进入工作岗位的人来说，无论具有什么样的学历，你都是个不具备经验的新人，所以进入一家新公司要展现一种新人的姿态，不要眼高手低，要将自己的重心放在努力学习、积累工作经验之上，使自己积累大量的专业知识与技能，成为极具竞争力的职业人。千万不要好高骛远，轻视自己所做的工作，即便是最普通的工作，你也要认真地完成。要知道，每一项普通的工作都可能成为你施展才能的机会。

在工作中，我们需要改变眼高手低、好高骛远的毛病，注重细节，从小事做起。在今天这个社会，几乎所有的人都胸怀大志，满腔抱负，但是成功往往都是从点滴小事开始的，甚至是从细小至微的地方开始。千里之行，始于足下。要想成就大事就必须要从小事做起，眼高手低是做人、做事的大忌，只有脚踏实地才能把梦想化为现实。

控制自己，冲动是魔鬼

人们常说，冲动是魔鬼。在生活中我们常常看到，有些人在情绪冲动时做出不该做的事，事后常常后悔不已。

史蒂芬是英国中部城镇奥尔德姆的一名警察。一天晚上，他身着便装来到市中心的一间食杂店门前。他准备到店里买包香烟。这时，店门外一个流浪汉向他要烟抽，史蒂芬说他正要去买烟。流浪汉认为史蒂芬买了烟后会给他一支。

当史蒂芬从食杂店买完烟出来后，喝了不少酒的流浪汉再一次缠着他索要香烟。史蒂芬感到很反感，就没有给他，于是两人发生了口角。随着互相谩骂和嘲讽的升级，两人情绪逐渐激动。史蒂芬掏出了警官证和手铐，说："如果你不放老实点，我就给你一些颜色看。"流浪汉反唇相讥："你这个浑蛋警察，你有什么了不起的，看你能把我怎么样？"在言语的刺激下，二人扭打成一团。旁边的人赶紧将两人分开，劝他们不要为一支香烟而发那么大火。

被劝开后的流浪汉骂骂咧咧地向附近一条小路走去，他边走边喊："自以为是的臭警察，有本事你来抓我呀！"失去理智、愤怒不已的史蒂芬拔出枪，冲过去，朝流浪汉连开四枪，那个流浪汉倒在了血泊中……

法庭以故意杀人罪对史蒂芬做出判决，他将服刑30年。

一个人死了，一个人坐了牢，只为了一支香烟，罪魁是失控的激动情绪。

可见，冲动常常使人丧失理智，做出不计后果的言行，最终使自己深受其害。因此，在日常生活中，当你被激怒时，千万不要轻易发火。谁若轻易地做了怒气的俘虏，谁的生活就会倾斜，谁就可能成为愚蠢与后悔的人。

我们在与人相处时，不可能事事都一帆风顺，不可能要每个人都对我们笑脸相迎。有时候，我们也会受到他人的误解，甚至嘲笑或轻蔑。这时，如果我们不能控制自己的情绪，就会造成人际关系的不和谐，对自己的生活和工作都将带来很大的影响。所以，当我们与人沟通时，要学会控制自己的情绪，轻易发怒只会造成相反的效果。

下面是消除冲动情绪的一些具体方法：

（1）请可信赖的人帮助你。每当他们看见你动怒的时候，便会提醒你。

（2）不要总是对别人抱有期望。只要没有这种期望，愤怒也就不复存在了。

（3）当你愤怒时，首先冷静地思考，提醒自己：不能因为过去一直消极地看待事物，现在也必须如此，自我意识是至关重要的。

（4）主动控制。主要是用自己的道德修养、意志修养缓解和降低愤怒的情绪。有人在要发泄怒气时，心中默念"不要发火，息怒、息怒"，便会收到一定效果。

（5）当你想用愤怒情绪教训人时，可以假装动怒，提高嗓门或板起脸，但千万不要真的动怒，不要以愤怒所带来的生理与心理痛苦来折磨自己。

（6）当你要动怒时，花几秒钟冷静地描述一下你的感觉和对方的感觉，以此来消气。最初10秒钟是至关重要的，假如你能够熬过这10秒钟，愤怒便会逐渐消失。

（7）当你发怒的时候，要时刻提醒自己，人人都有权根据自己的选择来行事，如果一味地禁止别人这样做，只会加深你的愤怒情绪。你要学会允许别人选择其言行，就像你坚持自己的言行一样。

（8）改变自己的心态。愤怒通常是虚荣心强、心胸狭窄、感情脆弱、盛气凌人所致，对此，可以用疏导的方法将烦恼与怒气引导到高层次，升华到积极的追求上，以此激励起发奋的行动，达到转化的目的。

总之，在生活中，每当你发脾气或在愤怒的情绪下工作时，你应该分析所有使你愤怒的原因，然后避免使自己暴露于那些痛苦之下，采取一些积极有效的措施来控制自己的情绪。

赶走悲观，享受快乐

科学研究发现，如果一个人常常处于悲观的情绪之中，那么他在抱怨的时候神经细胞会不断分泌出让身体老化的神经化学元素，我们甚至可以说当一个人长期处于悲观和愤怒的状态时，无疑是在慢性自杀。

我国著名作家周国平曾经说过这样一段话："悲观主义是一条绝路，冥思苦想人生的虚无，想一辈子也还是那么一回事，绝不会有柳暗花明的一天，反而窒息了生命的乐趣。不如把这个虚无放到括号里，集中精力做好人生的正面文章。既然只有一个人生，世人心目中值得向往的东西，无论成功还是幸福，今生得不到，就永无得到的希望了，何不以紧迫的心情和执着的努力，把这一切追到手再说？"

的确，悲观的心态会摧毁人们的信心，使希望泯灭；悲观的心态就像一剂慢性毒药，吃后会让人意志消沉，失去前进的动力。所以，习惯于用悲观情绪看世界的人，要学会积极的自我暗示，引导自己发现生活中的美好。一个人只有拥有了乐观的人生态度，才能凡事往好处想，才能于困境中找到机遇和希望，才能有战胜各种困难的勇气和决心，赢得人生和事业的成功。

世间许多事情本身并无所谓好坏之分，全在于你怎么看。很多时候我们之所以感到生活枯燥乏味，是因为我们的心态是枯燥乏味的。如果想使生活变得有滋有味，就要改变心态——变悲观心态为积极心态。只有这样，我们才能改变自己的生活。

德国著名哲学家叔本华曾说："事物的本身并不影响人，人们只受对事物看法的影响。"的确如此，否则为什么同样的事物会带给乐观者和悲观者完全不同的影响呢？并不是事物影响了我们，而是我们被自己对事物的看法限制住了。心态消极的人为世界寻找消极的解释，于是他只能看到消极的世界，而同样的处境，心态积极的人却能从中看出灿烂和光明。

世上的每个人、每件物品、每件事，我们都能从积极和消极两方面进行解释，并得出截然相反的结论。我们看到世界是什么样子，只取决于我们认为它是什么样子。如果你的心是明媚的，世界也会是明媚的。我们生活在同一个社会，环境其实也大致相似，有的人认为世界冰冷而苛刻，有的人却感觉世界仍有许多美好。这其中的差异，只在于不同的心态。

如果你认为世界是不幸的，你就只会看到世上的不幸，或许你也向往幸福，但你观察世界的方式实际上是在寻找不幸。相对地，如果你抱着从每一个角落寻找乐趣的想法，你的生活就会是精彩且有趣的。保持积极乐观的心态，就等于是用一双专门寻找美、寻找乐趣的眼睛去观察世界。

人生充满了选择，而生活的态度就是一切。你用什么样的态度对待你的人生，生活就会以什么样的态度来待你。你消极悲观，生命便会暗淡；你积极向上，生活就会给你带来许多快乐。

第二章 泰然处之，抉择面前要淡定

机不可失，切勿犹豫

古人云，当断不断，反受其乱。顾虑重重，怕这怕那，畏畏缩缩，往往会贻误时机，后悔莫及。世间最可怜的，是那些做事举棋不定，犹豫不决、不知所措的人，是那些自己没有主意，不能抉择的人。这种主意不定、意志不坚的人，难以得到别人的信任，也就无法使自己的事业获得成功。

某大学一位业务员前去拜访一位房地产经纪人，想把"推销与商业管理"这个课程介绍给这位房地产商人。

这位业务员在到达房地产经纪人的办公室时，发现他正在一架古老的打字机上打着一封信。这位业务员自我介绍一番，然后介绍所推销的这个课程。那位房地产商人听得津津有味。听完之后，却迟迟不表示意见。

这位业务员只好单刀直入了："您是否想参加这个课程？"这位房地产商人无精打采地回答说："哎呀，我自己也不知道是否想参加。"

他说的是实话，因为像他这样难以迅速做出决定的优柔寡断的人有许多。

业务员这时候站起身来，准备离开。但接着他采用了一种多少有点刺激的谈话技巧。他的话让房地产商大吃一惊。

"我决定向您说一些您不喜欢听的话，但这些话可能对您很有帮助。先看看您工作的办公室，地板脏得吓人，墙壁上全是灰尘。您现在所使用的打字机看起来比我爷爷岁数还大。您的衣服又脏又破，您脸上的胡子也未刮干净，您的状态告诉我您已经被打败了。

"在我的想象中，在您家里，您太太和您的孩子穿得也不好，也许吃得也不好。您的太太一直忠诚地跟着您，但您的成就并不如她当初所希望的。在你们刚结婚时，她本以为您将来会有很大的成就。

"请记住，我现在并不是向一位准备进入我们学校的学生讲话，即使您用现金预缴学费，我也不会接受。因为，如果我接受了，您将不会拥有去完成它的进取心，而我们不希望我们的学生当中有人失败。

"现在，我告诉您，您为何失败。那是因为优柔寡断的你没有做出一项决定的能力。在您的一生中，您一直养成一种习惯：逃避责任，无法做出决定。错过了今天，即使您想做什么，也无法办得到了。

"如果您告诉我，您想参加这个课程，或者您不想参加这个课程，那么，我会同情您。因为我知道，您是因为没钱才如此犹豫不决。但结果您说什么呢？您说您并不知道您要不要参加。您已养成优柔寡断的习惯，无法对影响到您生活的所有事情做出明确的决定。"

这位房地产商人呆坐在椅子上，下巴往后缩，他的眼睛因惊讶而膨胀，但他并不想对这些尖刻的指责进行辩驳。这位业务员道声再见，走了出去，随后把房门轻轻关上。但随即再度把门打开，走了回来，带着微笑在那位吃惊的房地产商人面前坐下来，又说："我的批评也许伤害了您，但我倒是希望能够帮助您。现在让我以男人对男人的态度告诉您，我认为您很有智慧，而且我确信您有能力。您不幸养成一种令您失败的习惯，但您可以再度站起来。我可以扶您一把，只要您原谅我刚才所说过的那些话。您并不属于这个小镇，这个地方不适合从事房地产生意。赶快替自己找套新衣服，即使向人借钱也要买来。我将介绍一个房地商人和您认识，他可以给您介绍一些赚大钱的机会，同时还可以教您有关这一行业的注意事项，您以后投资时可以运用。您愿意跟我来吗？"

听完这些话，那位房地产商人竟然抱头痛哭起来。最后，他努力地站了起来，和这位业务员握握手，感谢他的好意，并说他愿意接受他的劝告，但要以自己的方式去进行。他要了一张空白的报名表，答应报名参加"推销与商业管理"课程，并且先交了头一期的学费。

三年以后，这位去掉了优柔寡断弱点的房地产商人开了一家拥有60名业务员的公司，成为最成功的房地产商人之一。

如果优柔寡断，就难以适应激烈的市场竞争。市场竞争无比残酷，甚至你死我活，只有拥有相当的魄力才能成功做出决定。

获得成功的最有力的办法，是迅速做出该怎么做一件事的决定。排除一切干扰因素，而且一旦做出决定，就不要再继续犹豫不决，以免我们的决定受到影响。有的时候犹豫就意味着失去。实际上，一个人如果总是优柔寡断，犹豫不决，或者总在毫无意义地思考自己的选择，一旦有了新的情况就轻易改变自己的决定，这样的人成就不了任何事。所以，对于成大事者来说，犹豫不决，优柔寡断是一个劲敌，在它还没有伤害你、破坏你、限制你之前，你就要立刻把这一敌人置于死地。不要再等待、不要再犹豫，决不要等到明天，从现在开始，切勿犹豫，把握住机会，朝着成功之路，迈步走下去吧！

当机立断，才能成就大事

当代社会是信息社会，是竞争的社会，它复杂多变、变幻不定、动荡激烈，任何犹豫不决都可能错过时机。一旦发现客观和主观的条件成熟，就要当机立断、果断决策，并立即付出行动。

美国第三十四任总统、世界反法西斯战争的杰出统帅、五星上将艾森豪威尔于1944年6月6日在诺曼底登陆战前夜，表现出了非凡的当机立断的魄力，使诺曼底登陆战役取得了辉煌胜利，从而扭转了整个战局，沉重地打击了法西斯势力。登陆前夕，天气情况恶劣，一直下着大雨，气象学家也不能完全有把握说6月6日就能转晴。如果天气不转晴，那么空降兵将无法着陆，将会使整个登陆计划失败，使50多万士兵面临牺牲的危险，在众多的将军都表示迟疑不决的时候，艾森豪威尔当机立断，决定6月6日实施登陆，并赢得了胜利。

当机立断的魄力是成功人士必备的能力。一个人只有当机立断，并且具备敏捷的思维，才能在复杂多变的情况下应付自如。艾森豪威尔就是在紧急关头善于当机立断，取得成功的典范。

很多时候，机会是转瞬即逝的。谁都不想因为错失良机而慨叹，那就不要留下"花开堪折直须折，莫待无花空折枝"的遗憾。成功的人，往往在机会到来的时候犹如一个勇猛的战士冲锋在前，牢牢地把机会抓在手里。面对机会亦步亦趋，只会眼睁睁地看着机会被别人抓住转而变成美好的现实。

当机立断是一个人胆量和见识的综合表现。关键时刻，我们要用科学的眼光和科学的方法分析客观形势，审时度势，全局在胸，抓住酝酿成熟的时机，以其雄才胆略，排除各种干扰，拍板定案，切不可优柔寡断，举棋不定，贻误时机。

胜在决断，把握好决策的时机

在现今社会，社会节奏不断加快，科技、经济发展瞬息万变。时机一旦出现，要求我们必须及时做出反应，果断决策，才能取得成功。有时候留给我们拍板的时间甚至只有几分、几秒。短时间内必须做出决定，不然就可能功亏一篑，甚至大灾临头。

1975年初春某日，美国亚默尔肉食加工公司老板躺在沙发上翻阅报纸。突然，一则短讯使他双眼圆睁：墨西哥开始流行猪瘟。这位老板立即推测，如果墨西哥有猪瘟，必定从加利福尼亚和得克萨斯两州传入美国，而这两州又正是肉食供应的主要基地。这两个州一旦猪瘟流行，则全国肉类供应必然紧张起来。

这位老板证实了这则消息后，便立即果断地决定购进得克萨斯州和加利福尼亚的猪肉和牛肉，并及时运往美国东部。这个决策让公司同人大为震惊，纷纷反对，认为此举太过冒风险。但老板毅然大举收购，坚定自己的判断。不出所料，从墨西哥传染过来的瘟疫迅速蔓延美国西部几个州，美国政府立即严禁这些州的食品外运。于是美国全境肉类奇缺，价格暴涨。亚默尔公司趁机抛售，数月之内净赚900万美元，一时占尽先机。

由此我们可以看到有个性的决断对于一个企业来说是多么重要，它是一个企业发展的先决条件，也是一个企业或者一个人获得成功的保证。

一个人的决断能力是一种合力，它主要由一个人的魄力、洞察力、分析能力、直觉能力、创新能力、行动能力和意志力等分力所复合而成。美国通用电气公司总裁杰克·韦尔奇把决断能力看成面对困难处境勇于做出果断决定的能力。

众所周知，做任何事情要善于抓住时机。什么时候做决断，对成功者来说是一个非常重要的因素。时机不成熟时就匆忙做决断是冒险的行为；时机成熟了却拖延不决，优势将会变为劣势。把握时机、当机立断是胜利之本，但也要讲究适度，要审时度势，把握机遇。

澳大利亚管理大师托马斯·曼说："在自己的路上，找到决策的思想是一件最有意义的事。"日本的成功企业家山本太郎说："墨守成规、四平八稳、优柔寡断、畏首畏尾，这不是领导者的做派。一个领导在做出决策时要有独特的见识，无所畏惧。当然，这首先要有对未来的准确预测和渊博的知识。"善于做出妥当的决策，是要有胆量和智慧的。从理论上讲，自我决策的目的往往是和组织的最大利益挂钩的，是决策者苦思冥想的结果，要比从别人那里拿来的决策更专心致志。

决断不是空想出来的，是在原有基础上加工出来的。要充分地了解情况，掌握情况，才能找到一个可行的决策方案。决断就是努力向前，时光在飞逝，唯有放眼天下，正视眼前的挑战，我们才能动用所拥有的决断智慧，迎接时代的挑战。

心境高远，放远你的眼光

有这样一个事例：

曾经有两个企业都想在某郊区投资地产，并各派了专人前去调查那里的情况。结果A企业的人在考察之后，向公司报告说："那里人口稀少，房产业发展机会渺茫，房子修好了也没有人来住。"而B企业的人则在考察之后，向公司报告说，"该地虽然人口稀少，但那里环境优雅，人们厌倦了城市的喧嚣，一定会喜欢在那里安置生活。"果然不出B企业所料，随着生活节奏加快，城里人越来越向往农村生活，尤其是一些农家乐，办得更是如火如荼。所以B企业的投资是明智的。

A企业的人员鼠目寸光，只看见眼前事物的表象，而B企业的人却高瞻远瞩，从表象里预见到未来。B企业的远见卓识远远高于A企业。如果一个企业的领导像A企业的人一样目光短浅，那么他的动作很可能都是短期行为；而如B企业那样见识过人，眼光放长远一点，就能使企业获得长远的利益。

心境高远，眼界宽阔，才能洞悉事物的整体，从而把握事物的发展趋势，这正是谋大事所必备的宝贵要素。

若想出人头地，就得有远见，就要放弃短识，把眼光放在远方。所有成功的人都不会把目光只投向眼前的一片空地。没有远见的人只看到眼前的、摸得着的、手边的东西；相反，有远见的人心中装着整个世界。一个人如果想成大事，就必须要有发展的眼光。

名模施薇17岁就注册了北京欧格美模特培训有限公司；2002年她又与澳大利亚澳联集团合作，在家乡建起了施薇国际艺术学院。施薇说："这所学院会按照国际化标准运作，让孩子们在国际舞台上占据一席之地。"

施薇俨然一副大人物的口气。可是，当时她才20岁呀！她哪里来的这么大气魄和口气？

这来源于她的远见和行动，来源于她的勇气和气魄。

1996年，施薇14岁。这一年，她初中毕业。与其他同学不同的是，这么小的年龄，她已经长到了175厘米的身高，在同学中像个小巨人。如何确定自己未来的发展方向，同学们都考高中，按常理她也应该按照这条路子走下去，难道还能有别的选择吗？

但是施薇有自己的主见，她不能让自己的"身高资源"浪费了。她报考了南昌市第一职业学校模特表演与设计班。这不失为一个远见之举。

1997年，念到二年级的她得到消息：江西时装表演艺术团面向社会招生。她心里翻腾起来，去还是不去？去，学业没完成；不去，机会难得，一个人一生能遇到多少机会呀。经过反复思考，她觉得机会更重要，毅然决定放弃学业，报考时装表演艺术团。

随之而来的是艰苦的训练。同学受不了就哭，她不哭。她说必须得付出。她咬紧牙关挺着。1998年去北京训练，准备参加第二年的"模特之星大赛"。阴错阳差，大赛没参加成，同学们吃了不少苦，都打道回乡，她却留下了。她说："往远一点看，总会有机会。"

果然有了机会。她参加了一次比赛，虽然因为特殊原因没能获奖，但是请她拍摄企业形象和电视广告的公司找上门来。短短的几个月就有6家公司聘请她。又过了几个月之后，她又遇到了机会，她在一次比赛中摘取了"1999年最佳中国职业时装模特"的桂冠。

一年多的周旋，她看清了一个又一个模特比赛的内幕。她说，与其把精力耗在比赛夺冠上，还不如自己另外再开辟一条路。小小年纪就已经具有这样成熟和具有远见的眼光。于是她迈出了与她的年龄不符的人生一大步。她用自己拼搏挣来的钱注册了模特培训公司。17岁就开始创业。

她忍受着超负荷的压力，一步步干起来了。20岁时，她又说了一句话："两年后，我要走向国际。"她已经把眼光盯向未来。

美国作家唐·多曼在《事业革命》一书中说，把眼光放长远是踏上成功之路的一条秘诀。要想成大事，不能没有远见，必须把目光盯在远处，要确定自己人生的方向，用远大志向激发自己，并咬紧牙关、握紧拳头，顽强地朝着自己的人生目标走下去。

俗话说，思想有多远，我们就能走多远。鼠目寸光者难成大事，而成功永远属于那些目光远大的人。放远你的目光，你才能走向更广阔的天地。

第三章　正视磨难，挫折面前要淡定

战胜困难，做生活的强者

　　每个人在其一生中，都可能会有遭遇坎坷、面对困难的时候。困难的出现，不以人的意志为转移，因此人生在世，注定要背负起经历各种磨难的命运。面对困难，有的人努力奋斗、百折不挠；有的人浅尝辄止，一番争取之后，便偃旗息鼓；有的人一陷入困境，便心怀恐惧，不敢面对。其实，困难只是人生的一个驿站，所有的艰难险阻都是通向人生驿站的铺路石。学着淡定地去面对它、跨过它，乐观地在其中小憩一下，养精蓄锐，它就能催人奋发，指引你奔向成功的彼岸。

　　她，是一个可怜的小女孩，从小患有小儿麻痹症，只有依靠轮椅才能行动。每当看到同龄的小朋友蹦蹦跳跳的，她都感觉到自卑而又羡慕。随着年龄的增长，她的忧郁和自卑感越来越重，甚至，她拒绝所有人的靠近。但也有个例外，邻居家那个只有一只胳膊的老人却能成为她的好伙伴。老人是在一场战争中失去一只胳膊的，老人非常乐观，她非常喜欢听老人讲故事。

这是个天气晴朗的一天，她被老人用轮椅推着去附近的一个公园里散步，草坪上孩子们动听的歌声吸引了他们。当一首歌唱完，老人说："让我们一起为他们鼓掌吧！"她吃惊地看着老人，问道："我的胳膊动不了，你只有一只胳膊，怎么鼓掌啊？"老人对她笑了笑，解开衬衣扣子，露出胸膛，用手掌拍起了胸膛……那天已经是深秋了，虽然天气晴朗，但风中夹着几分寒意，尽管如此，她却突然感觉自己的身体里涌起一股暖流。老人对她笑了笑，说着："只要努力，一只巴掌一样可以拍响，你一样能站起来的！"

当天晚上，她让母亲在一张纸上写下了这样一行字：一只巴掌也能拍响。为了激励自己，她又让母亲将这张纸贴到了墙上。从那之后，她开始配合医生做物理治疗。有时，甚至父母不在身边的时候，她自己扔开支架，试着走路。蜕变的痛苦是牵扯到筋骨的，她坚持着，她相信自己能够像其他孩子一样行走、奔跑……

就这样，经过蜕变的痛苦后，11岁时，她终于扔掉支架，可以自由地行走了。但她并没有满足，此后，她又向另一个更高的目标努力着，她开始锻炼打篮球和进行田径运动。此时的她，不但可以跑，而且跑得比别人快。1960年罗马奥运会女子100米跑决赛时，当她以11秒18第一个撞线后，掌声雷动，人们都站起来为她喝彩，齐声欢呼着这个美国黑人的名字：威尔玛·鲁道夫。那一届奥运会上，威尔玛·鲁道夫成为当时世界上跑得最快的女人，她共摘取了3枚金牌，也是第一个黑人奥运女子百米冠军。

没有什么困难是战胜不了的，威尔玛·鲁道夫的成功恰恰说明了这一点。所以，在困难面前，我们决不能退缩，而是要千方百计去克服它。在每一个可能克服困难的思路面前，我们都不要轻易放弃，都要坚持到底。事实上确实初看起来似乎无法克服，经过一番研究和尝试之后，仍然到处碰壁，但这往往是关键时刻，如果就此罢休，则基本上是一无所获。要有盯住不放的精神去克服困难，最后就可能绝处逢生。

　　李·艾柯卡是一个传奇性人物，在美国，他的名字家喻户晓。他曾是美国福特汽车公司的总经理，也是后来克莱斯勒汽车公司的总经理。作为一个强者，他的座右铭是："奋力向前，即使时运不济，也永不绝望，哪怕天崩地裂。"他1985年发表的自传，成为非小说类书籍中有史以来最畅销的书，印数高达150万册。

　　李·艾柯卡的一生苦乐参半，他不光有成功的欢乐，也有挫折的懊丧。1946年，21岁的艾柯卡到福特汽车公司当了一名见习工程师。但他对和机器做伴、做技术工作并不感兴趣。他喜欢和人打交道，想搞经销。于是，艾柯卡靠自己的奋斗，由一名普通的推销员开始做起，终于一步一步地当上了福特公司的总经理。

　　不是每天都是顺风顺水的好日子，生活中总会有些磨难。1978年7月13日，对李·艾柯卡来说是不幸的一天。就在这天，他被妒火中烧的大老板亨利·福特开除了。当了8年的总经理、在福特工作已32年、一帆风顺、从来没有在别的地方工作过的李·艾柯卡，突然间失业了。昨天他还是英雄，今天人人都远远避开他，过去公司里的所有朋友都抛弃了他，这是他生命中最大的打击。"艰苦的日子一旦来临，除了做个深呼吸，咬紧牙关尽其所能外，实在也别无选择。"艾柯卡是这么激励自己的，最后也是这么做的。他没有倒下去，他接受了一个新的挑战：应聘到濒临破产的克莱斯勒汽车公司出任总经理。

在以后的5年里，面对着克莱斯勒这艘有待抢救的沉船，艾柯卡凭借着他的智慧、胆识和魄力，大刀阔斧地对企业进行了整顿、改革，并向政府求援，舌战国会议员，取得了巨额贷款金额，重振企业雄风。1983年8月15日，艾柯卡把面额高达8亿多美元的支票，交到银行代表手里。至此，克莱斯勒还清了所有债务。而恰恰是5年前的这一天，亨利·福特开除了他。

如果艾柯卡不是一个坚忍的人，不能勇于接受新的挑战，在巨大的打击面前一蹶不振、偃旗息鼓，那么他永远只是一个微不足道的小人物。然而，正是因为他拥有不屈服挫折和敢于面对困难的精神，才成就了事业上的辉煌。

一位哲人说过：一个人绝对不能在遇到困难时，背过身去试图逃避。这样做只会使困难加倍。相反，如果面对它毫不退缩，困难便会减半。在人生的旅途上，遇到各种各样的困难是在所难免的。面对困难，是想方设法战胜它还是绕道走？勇敢者的选择只能是前者。因为只有勇敢地战胜困难，我们的人生才有意义，我们的事业才能成功。

坚定信念，一路前行

人是为什么而活？又是什么在支撑着人们努力奋发？其实，这不过就是两个字——信念。

信念是一切成功和奇迹的源泉。古往今来，每个有成就的人在其生活和事业的旅途中，无不以信念为先导。如果我们在做任何事之前，没能树立起一个坚定的信念，只是一味地采取消极的态度，告诉自己这也无法实现那也不可能做到，恐怕我们的人生也就失败了。

撒哈拉沙漠横贯非洲大陆北部，面积约940万平方千米，约占非洲总面积的32%。有一年，一支法国探险队进入撒哈拉沙漠的某个地区，在茫茫的沙海里跋涉。阳光下，漫天飞舞的风沙像炒红的铁砂一般，扑打着探险队员的面孔。口渴似炙，心急如焚，大家的水都没了。这时，探险队长拿出一只水壶，说："这里还有一壶水，但在穿越沙漠前，谁也不能喝。"

一壶水，成了穿越沙漠的信念之源，成了求生的寄托目标。水壶在队员手中传递，那沉甸甸的感觉使队员们濒临绝望的脸上，又露出坚定的神色。终于，探险队顽强地走出了沙漠，挣脱了死神之手。大家喜极而泣，用颤抖的手拧开那壶支撑他们的精神之水，而此时缓缓流出来的，却是满满的一壶沙子！

炎炎烈日下，茫茫沙漠里，真正救了他们的，又哪里是那一壶沙子呢？他们执着的信念，已经如同一粒种子，在他们心底生根发芽，最终带领着他们走出了困境。

信念是什么？很多时候，信念就是支撑我们生命的力量，带给人们无限的希望。

信念代表着一种希望，像一颗种子，一颗生命的种子。只要心中有信念，一切都会充满希望。信念的力量就是这样的神奇。正如作家丁玲所说："人，只要有信念，有所追求，什么艰苦都能忍受，什么环境也都能适应。"信念的影响力很大，它指引我们的方向，决定我们面对世界的态度，影响我们的成就和格局大小，它是控制我们潜能发挥的阀门，也是我们走向成功、拥有幸福的基石。

"在这个世界上，没有人能够使你倒下。如果你自己的信念还站立着的话。"这是著名的黑人领袖马丁·路德·金的名言。只要你心中始终有着一种信念，弱小的人也会变得强壮，再大的困难也能迎刃而解。信念往往具有一种神奇的力量，它会使弱者变为强者，使失败者获得成功。

在成功之前，我们必须相信自己有能力成功。信念的力量在成功者的足迹中起着决定性的作用，要想事业有成，就必须拥有无坚不摧的信念。

"石油大王"保罗·盖蒂年轻的时候，决心不依赖自己的父亲，他只身一个人带着自己仅有的靠做杂工挣来的500美元，来到了俄克拉何马州创业。他打算从事石油开采工作，来作为自己事业的开端。但这对他来说，是一个十分艰巨的目标，因为他既没有资本，又没有地质学及石油开采方面的专业知识，只不过在父亲的石油事业的耳濡目染下，有一点感性认识。因此，在他的事业刚刚起步的时候，可以说是困难重重。但是，保罗·盖蒂信心十足，这也是当时支持他的唯一的东西。他认为别人办得到的事，自己也可以办得到。天下无难事，有信心就一定可以办到自己想办的事。当保罗·盖蒂在俄克拉何马州看见别人一个个挖掘油井的时候，他就告诉自己：我一定也能挖出有油的井。

虽然第一年他走遍了许多地方，但机会与他不曾碰面，他未能找到合适的石油田地皮，但他没有灰心，到1915年的秋天他的机会终于来到了。有人要出租一块地皮，他看到后，就仔细去考察了那块地，觉得很有希望打出油来，于是他就和那个人讲价钱。总算是皇天不负苦心人，最终，经过讨价还价，他终于以500美元把它租了下来。

有了地并不等于马上可以挖井采油了，他组建了一个公司，准备在这块租来的地上面正式开采石油。可是，他带来的所有的钱全部都交了土地租金，哪还有钱买机械挖井呢？最后，他想出了办法。他与他的父亲商议合作，由父亲投资机械，同时将石油公司70%的股权转让给他的父亲，并且他给他的父亲提交了一份很精确的计划。经过一番商议，他的父亲也很认同他的计划。

就这样，"盖蒂石油公司"可以开工挖井了。保罗·盖蒂的父亲既没有给儿子以娇生惯养的宠爱，也没有无偿地给他投资。而保罗·盖蒂也很有骨气，他在这块地上与聘来的几个工人日夜挖掘。累了，在工地上打个盹，饿了，吃几块饼干、喝几口水，他与工人们一样拼命地干活。别人根本就不知道他父亲当时已是一个有一定财富的石油老板！

不久，保罗·盖蒂所挖的第一口井果然出石油了，而且一天可生产720桶原油！两个星期后，他把这块地转租给别的石油公司，他从中净赚了12000美元。这笔钱数额虽不算大，却大大增强了他从事石油开采工作的信念，使他认识到成功没有公式，但你必须要有成功的信念，信念能让你渡过一个又一个难关，一步一步走向成功的终点。

成功的人离不开坚定的信念。华盛顿曾经说过："一定要接受基于'我必成就大事'的直觉而产生的坚强信念。"在你一生中，你一定会有许多次怀疑自己的信念与目标是否正确，但你一定要接受这样的一个信念：虽然拥有某种成就的信念并不代表你一定能达到目的，但是它可以给予你完成梦想所需的勇气。无疑，当你无法完成自己所期望的事情时，你一定会感到失望；然而，你若对自己毫无信心，你将永远无法发挥潜能，因为你拒绝尝试。如果一个人对人生或对一件事没有信心，那么他的信念必定消极，行动也不会得力，遇到困难或挫折就容易让步或退却。所以，我们应该拥有坚定的信念，我们应该相信自己总有一天会走向成功，因为我们每天都在为了目标的实现而坚持不懈地努力奋斗。坚定的信念可以帮助我们克服重重困难，跨过种种阻碍，坚定的信念可以促使我们付出积极的行动。

端正态度，别把失败太当一回事

成功与失败是每一个人在人生的征途中必须经历的过程，人生的路途遥远，每个人的成功背后，都有无数个失败的经验，以及一段辛酸的历程。

失败使人消沉，使人痛苦，使人迷茫。但失败不是最可怕的，最可怕的是遇到失败就放弃，遇到失败就逃避。我们一定要正视失败，要抱着积极的态度迎接所带来的经验和教训，这样才会成功。

美国百货大王梅西就是一个很好的例子。他于1882年生于波士顿，年轻时出过海，以后开了一间小杂货铺，卖些针线，铺子很快就倒闭了。一年后他另开了一家小杂货铺，仍以失败告终。

在淘金热席卷美国时，梅西在加利福尼亚州开了个小饭馆，本以为供应淘金客膳食是稳赚不赔的买卖，岂料多数淘金者一无所获，什么也买不起，这样一来，小铺又倒闭了。

回到马萨诸塞州之后，梅西满怀信心地干起了布匹服装生意，可是这一回他的公司不只是倒闭，简直是彻底破产，赔了个精光。

不死心的梅西又跑到新英格兰做布匹服装生意。这一回他时来运转了，他买卖做得很灵活，甚至把生意做到了街上商店。头一天开张时账面上才收入11.08美元，而现在位于曼哈顿中心地区的梅西公司已经成为世界上最大的百货商店之一。

俗话说，失败是成功之母。没有人没经历过失败，但失败本身并不可怕，可怕的是失败之后没有信心，不能够自己站起来。如果一个人把眼光拘泥于挫折的痛感之上，他就很难再抽出身来想一想自己下一步该如何努力，最后如何走向成功。

在人生道路上，谁都期望获得成功，避免失败和挫折。因为成功意味着自己事业的成就和对社会的贡献，而失败和挫折则会带来损失和沮丧。但是，人们在改造自然和改造社会的过程中，总是既有成功，又有失败和挫折，而且失败和挫折往往多于成功，成功常常又是从失败和挫折中发展出来的。

没有失败，就没有成功。一个失败者不一定能转变成一个成功者，但一个成功者，一定曾经是一个失败者。一个人越不把失败当作一回事，失败就越不能把他怎么样，他就越能成功。

世界上没有所谓的失败，除非你自己如此认定。那种经常被视为是失败的事实在实际上也只不过是暂时性的挫折而已。事实上，这种暂时性的挫折是一种幸福，因为它会使我们振作起来，调整我们的努力方向，使我们向着不同的但更美好的方向前进。每一次当我们做出尝试但没有成功时，不必太在意，至少我们可以从中学到一些东西而有助于完成最终的目标。当你试过一种方法但行不通时，换另一条路走。你若是能认为挫折只不过是经验的学习，那么你一生中成功的次数将远远胜过失败。

只要不放弃，就会有成功的机会

不管做什么事，只要放弃了，就没有成功的机会；不放弃，就会一直拥有成功的希望。如果你有99%想要成功的欲望，却有1%想要放弃的念头，这样也只能与成功擦肩而过。

成功者与失败者并没有多大的区别，只不过是失败者走了九十九步，而成功者走了一百步。

只要不放弃，就会有成功的机会；只要努力地奔跑着，就会有成功的希望。成功没有捷径，也没有任何秘诀，只需有不怕失败的决心和坚强的毅力。人生有了目标，便有了成功的希望。成功不是一帆风顺的，在我们遭遇困难的时候，不应轻言放弃。俗话说：水滴石穿，绳锯木断。成功的路上贵在持之以恒、百折不挠、屡败屡战，直到抵达成功的彼岸。

其实，成功往往就在你想放弃的下一刻出现，如果你停止努力，就永远不可能享受到成功的果实，只能在成功的面前徒留遗憾。做事只要持之以恒，不轻言放弃，就会有意想不到的收获！

1927年，美国阿肯色州的密西西比河附近的村庄，遭遇了百年不遇的洪水冲击，一个9岁的黑人小男孩的家被冲毁，在洪水即将吞没他的那一时刻，母亲用力把他拉上了岸。

5年后，这个黑人小男孩8年级毕业了，因为阿肯色州的中学不招收黑人，他只能到芝加哥读中学。但是由于家里经济拮据，拿不出学费，母亲做出一个惊人的决定——让男孩复读一年。她则为50名工人洗衣、熨衣和做饭，为孩子攒钱上学。

在这整整的一年里，母亲起早贪黑辛苦地劳动，省吃俭用凑足那笔血汗钱。她带着男孩踏上火车，奔向陌生的芝加哥。经过几年的刻苦努力，男孩以优异的成绩中学毕业，后来又顺利读完大学。1942年，他开始创办一份杂志，但最后一道障碍是缺少500美元的邮资，不能给订户发函，一家信贷公司愿借贷给他，但有个条件，得有一笔财产做抵押。母亲曾经分期付款好长时间买了一批新家具，这是她一生最爱的东西。但最后她还是同意将家具做了抵押，为儿子凑足邮资的钱。

皇天不负苦心人，那份杂志终于获得了巨大成功。男孩终于能做自己梦想多年的事了：将母亲列入他的工资花名册，并告诉她再也不用工作了。那天，母亲哭了，那个男孩也哭了。

然而，天有不测风云，有一个阶段的经济特别不景气，男孩经营的杂志生意也坠入了谷底。面对巨大的困难和障碍，男孩感觉自己已经无力回天。他心情忧郁地告诉母亲："妈妈，看来这次我真的要失败了。"

"儿子，"她说，"你努力试过吗？"

"试过。"

"非常努力吗？"

"是的。"

"很好，"母亲果断地结束了谈话，"无论何时，只要你不放弃，就不会失败。"

"不放弃，就不会失败。"男孩牢记母亲的教诲，后来，他力挽狂澜，不但扭转了破产的局面，而且还攀登上了事业的巅峰。这个男孩就是驰名美国的《黑人文摘》杂志创始人、约翰森出版公司总裁、拥有三家无线电台的约翰·H.约翰森。

约翰森的经历告诉我们：命运全在搏击，奋斗就是希望，失败只有一种，那就是放弃。

在困难面前，永远不要轻易说放弃。放弃必然导致彻底的失败。而不放弃，总会找到解决的办法，总会有所收获。

水滴石穿，贵在坚持

世上的事，只要不断努力去做，就能战胜一切。哪怕事情再苦、再难，只要我们持之以恒、坚持到底，就有希望，就有成功的可能。

奥格·曼狄诺指出："人人都渴望成功，人人都想得到成功的秘诀，然而成功并非唾手可得。我们常常忘记，即使是最简单、最容易的事，如果不能坚持下去，成功的大门也绝不会轻易地开启。除了坚持不懈，成功并没有其他的秘诀。"坚持意味着不放松，持续、保持坚定不移的奋斗目标，那是一种忍受痛苦、压力、疲劳和沮丧的能力。坚持不懈是成功者共同拥有的特质。

成功的法则是很简单的，那就是锲而不舍，只要你能坚持到底，你就会赢得最后的胜利。

事实上，很多人实现不了自己的目标，很大程度上就是少了一种坚持、非要把事情干到底的精神，他们往往浅尝辄止，因此眼睁睁失去了可能到手的成功。很多事情的成功取决于踏平坎坷地坚持的毅力。看准了的事情，如果没有百折不挠的坚持，就很难取得成功。看准的事情就不屈不挠地坚持干下去直至成功，才是智者的唯一选择。每一个人都明白所有梦想的实现都需要努力，然而，很多人之所以没有实现心中的梦想，就在于多了空想、犹豫，少了努力坚持。

每一个伟大的成功，其秘密都在于不屈不挠的意志力和执着顽强的忍耐力。即便因为屡次失败而遍体鳞伤，仍然痴心不改，坚持到底！

乔伊·柯斯曼是一位亿万富翁，他的成功源于对事业的坚持和专注。如今他住在加利福尼亚州的棕榈泉。他随心所欲地环游世界，帮助那些开始创业的人。

柯斯曼出身贫寒，在第二次世界大战后，柯斯曼从军中退役，在宾州匹兹堡找到一家出口公司的工作。他不是大学毕业生，又没有什么专门技术，每周只能赚35美元的薪水。每晚在晚餐后，他就在厨房的桌子上，写信和全世界的至交联络。他急着想自己做生意。

在一年时间里，他发出了几百封信，但是由于地址错误，全都投递无门，这就耗尽了他所有的休闲时间。

有一天，他在《纽约时报》上看到一幅卖洗衣肥皂的广告，这类的肥皂当时还很稀少，他以电话证实了这项广告后，又开始对国外的至交写信。

几个星期以后，他的银行通知他，有一封18万美元的信用状给他。这表示只要他能将肥皂运上船，这张信用状就可以兑现。信用状的有效期限只有30天，假若他在30天内不能装上船，信用状就作废。

柯斯曼的肥皂批发商告诉他在纽约有货。他所要做的事只是到纽约去安排肥皂装船事宜，当然还要处理一些财务上的问题。柯斯曼找到他的老板，向他请几个星期的假，但老板不准。柯斯曼只能找一些匹兹堡的朋友，问谁愿意到纽约去办这件事，就可得到这项交易的一半利润，但是没有一个人愿意去。

柯斯曼最后无办法可想，又再去找老板，声明假若不准他假的话，他只有辞职，老板看他这样坚持，只有让步。柯斯曼和妻子在银行里只存了300美元，但妻子也尊重他的专注和坚持，她对他有信心。他们取出这仅有的300美元，让柯斯曼带着到纽约去。

在住进旅馆以后，柯斯曼又打电话找批发商。结果电话号码弄错了，也就没有地方去找这批发商。但柯斯曼仍然坚持不放弃。

他到图书馆找到一份肥皂公司的名录，回到旅馆后，他打电话给美国电话公司，仅电话费就用了80美元，最后他发现阿拉巴马的肥皂公司有这种肥皂，但必须由他自己去阿拉巴马提货。

柯斯曼找遍了纽约所有的货运公司，找到了一家以赊账方式来为他运3000箱肥皂的公司。这时候他又有了另一个麻烦，30天的期限浪费了很多，他是否还有时间将肥皂运到纽约上船？

但柯斯曼仍显示出对目标的专注。那些借钱给他的人都说，在他身上似乎有着某种东西使他们相信他会成功，而使他们愿意将钱借给他。

他将肥皂运到纽约后，只剩下不到一天的装船时间。柯斯曼亲自动手帮忙装船。他们整整工作了一夜，到第二天中午，事情非常明显，他们在银行关门以前无法装完货。在银行关门前不到一个小时，柯斯曼只得离开装货码头，前去找轮船公司的总裁。

后来柯斯曼告诉朋友说："当时我已经一个星期没洗澡，由于帮忙将肥皂装船，整夜没有睡。我满脸胡子，早饭钱还是向货车司机借的。肥皂公司的人追着我要肥皂的货款，货车公司也在催讨我欠他们的钱。旅馆等着我要钱，但不知道我的去处。甚至连我妻子也不知道我的下落。我的外表和我的感觉，仿佛我自己也需要用一箱肥皂来清洗。"

就在这种情形下，他来到轮船公司总裁办公室，向总裁说出全部事情的经过。这位总裁注视着他说："柯斯曼，事情已做到这种程度，你不会失去这笔生意了。"

说着总裁交给柯斯曼装货凭单——虽然肥皂未装完，但轮船公司愿意负责，要是货装不够，就由轮船公司赔偿损失。总裁派人将柯斯曼送到银行去。

这项交易的成功，使柯斯曼赚了3万美元，这对一个周薪35美元的人来说，可以说是相当好了。

柯斯曼之所以成功，在于他对事业表现出的专注和坚持，使他具有了一种领袖气质，并影响着每个和他打交道的人。

干什么事，要取得成功，坚持不懈的毅力和持之以恒的精神是必不可少的。认准了的事情，就坚持做到底，直到有所收获。

坚持是解决一切困难的钥匙，它可以使我们在面临困难时把万分之一的希望变成现实。歌德这样描述坚持的意义："不苟且地坚持下去，严厉地鞭策自己继续下去，就是我们之中最渺小的人这样去做，也很少不会达到目标。因为坚持的无声力量会随着时间而增长到没有人能抗拒的程度。"坚持是跃过峻岭沟壑的勇气，涉过急流险滩的毅力，拥有了它，便会走出今日的困惑，拥有了它，便拥有了一个光辉灿烂的明天。

第四章　快乐生活，压力面前要淡定

缓解工作压力，充分享受生活

生活中的压力无处不在，压力本身就是生活中的一部分。压力并不是一种情绪，而是人对发生在他周围或在他身上的事物的一种反应。既然我们无法逃避压力，就要学会与压力相处，学会调整心理平衡。

在每个人的日常生活或工作中，压力无所不在：业绩目标无法达成、竞争对手的实力超过自己、家人有问题无法解决、经济状况不佳等，这些情况都会给人造成巨大的压力，而压力过大则会影响工作。

李明是一家房地产开发公司的销售部主管，他不仅有非常强的上进心，而且工作能力也非常突出，其销售业绩在整个公司都是出类拔萃的。也正因为他工作成绩优秀，所以深得上司的赏识和器重，上司常常会把一些好机会留给他。他也不辜负上司的好意，每一次都把任务完成得非常出色。

李明是个非常好强的人，为了对得起上司的信任，他总是对自己要求得非常严格，可是随着工作量的增多，他感觉到了越来越大的压力。虽然还没有达到需要把工作带回家做的程度，但无论是上班还是下班，他脑中装的都是工作，时常感觉很累。后来，他因为压力严重失眠了，无论如何都睡不着，实在没有办法，只好吃安眠药，可是又担心药物会对身体产生毒副作用，所以药量总是不敢用很多，这样一来，睡眠就又受到了影响。每天到公司上班，李明总感觉很疲劳，精力无法集中，很多工作都无法很好地处理，上司也因此批评了他。

工作压力对于职场上的任何人来说都是存在的，我们必须认真对待心理压力问题，并及时地、适当地通过情绪调节来缓解心理压力，为它找个出口，它就不会给精神带来太严重的伤害。

不少城市白领都有过这样的体验：整日里在公司忙忙碌碌的，这边的工作还没有完成，那边的工作任务又分配下来了。面对堆积如山需整理的文件，在心情烦躁的时候，真想把这些文件撒得满地都是，才能稍稍发泄自己不满的情绪。面对着永远做不完的工作、任务，有时候真的想什么都不管了，抛下手头的工作去散散心。其实当你面对沉重的工作任务感到精神与心情特别压抑的时候，真的应该出去散心、休息。一方面，从做好工作的角度讲，当你心情烦躁、不安、沮丧的时候，也是你工作上出错率最高的时候。因为这个时候你的脑力使用已经到了极限，就像一张弓一样，再轻轻拉一下说不定就会折断。这个时候就应该放下手头的工作，做一些你认为能放松自己的、与工作无关的事情，当你觉得身心的疲惫感已经逐渐消失、心情已经比较轻松后，再回到工作中去。这时，你会觉得处理起手头的事务来比以前得心应手，效率也会明显地提高。有句话叫作"磨刀不误砍柴工"，说的就是这个道理。另一方面，从你自身的角度考虑，当你在对让你喘不过气来的工作压力感到心情烦躁，甚至有一种莫名的发泄欲望时，也许就意味着，你到了必须采取措施去缓解这种压力的时候了。如果你还是一如既往地忍耐忍耐再忍耐，那么，你的不满情绪就会储存起来，并且不断地加大压力，当这种压力加大到一定的程度时，就会突然来个大爆发。你的心理压力的大爆发会严重地损害你的心理健康，可能会使你精神失常。这绝对不是危言耸听！所以在工作过程中当你感到心情烦躁，并且确信这种不好的心情是来自于对工作压力的不满时，你不妨采取放松自己的办法，慢慢地释放自己的心理压力，从而保持自己的身心健康。

以下是一些缓解工作压力的方法：

（1）合理安排工作。应该合理地安排自己的工作、学习和生活，制订切实可行的工作计划或目标，并适当留有余地。无论你工作多么繁忙，每天都应留出一定的休息时间，抽空散散步、活动活动筋骨。用电脑时要掌握正确的坐姿和手部姿势，每隔一小时左右，最好站起来休息一下，望望窗外，呼吸新鲜空气。

（2）保持平常心。面对大量的信息，不要紧张不安、焦急烦躁，要保持淡泊、宁静的心理状态，做到保持平常心。最好能做到专精一艺，即人无我有，这样就会减轻个人在竞争中的心理负担，并收到事半功倍的效果。

（3）广泛地培养兴趣爱好。培养一些个人的兴趣爱好，诸如琴棋书画、养鸟养鱼、写作、旅游、垂钓等。这是转移大脑兴奋灶的一种积极的休息方式，能有效地调节大脑中枢的兴奋与抑制过程，进而缓解压力、消除疲劳、调节情绪。

（4）学会劳逸结合。弦绷得太紧容易断，适时地休息和运动，才会提高工作效率，这是人人都应该明白的道理。因此，工作一段时间便应休息一下，做些自己可以承受得了的运动，如打球、跑步等。既可让精神放松，缓解紧张情绪，也是为开展下一轮工作而进行的体力充电。

（5）遗忘生活的烦恼。现在的生活节奏比过去明显加快，生活方式也随着社会文明不断更新，人们的压力也越来越大。为了使疲惫的机体张弛有度，学会遗忘应是生活中必不可少的。其实，生活中许多事情不需要人们牢记，诸如同事间的无端摩擦、邻里之间细微纠纷、恋人间的情感波折、夫妻间的小小口角，以及与工作和事业都无关的鸡毛蒜皮的事情等，大可不必放在心上。当如烟的往事搅得你心烦意乱，给你带来种种困扰时，你便会感到遗忘确实是一剂良药。

（6）凡事多往好处想。美国著名心理学家威廉·詹姆斯说："我们这一代人最重大的发现是：人能改变心态，从而改变自己的一生。"人生的成功或失败，幸福或坎坷，快乐或悲伤，完全是由人自己的心态造成的。我们经常感觉有精神负担是因为无法摆脱不满、委屈和担心等负面情绪，如果多想一些让你喜欢的人和让你高兴的事，效果就完全不同了。凡事往好处想，内心便充满阳光，这种乐观的积极向上的心态，会激发我们的生命力，永远拥有成功的信心和希望。即便是在身处绝境的情况下，也能以豁达开朗的心胸面对未来。

总之，只要你学会做压力的主人，你就能够用稳定的情绪、健康的心理去直面纷繁复杂、瞬息万变、竞争激烈的社会。

放过自己，完美太累

季羡林说："人生在世，每一个人都想争取一个完美的人生。然而，从古至今，百分之百完美的人生是根本不存在的。"季羡林先生的话道出了人生的真谛，其实天地万物都是不完美的，人生也总是有缺憾的。当人们无论做什么事情都在苛求完美、时时计较那些不完美的事物时，往往只能让自己的心情变得越来越沉重，甚至郁郁寡欢。

有一位年过七旬的老人，一生当中都在孤独地流浪。路人问他："你为什么不娶妻成家？"老人说："我在找一位完美的女人。"路人反问："那么，你流浪了这么多年，就没有遇到一个完美的女人？"老人悲伤地回答："我曾经遇到过一个。""那你为什么不娶她呢？"老人无奈地说："因为她也在寻找一个完美的男人。"

追求绝对的完美，会让我们在做事的时候产生更多的遗憾，反而会偏离做事的本意。其实，在做一件事情的时候，只要方向是正确的，就没有必要过分计较表面上的瑕疵和缺憾。而且，绝对完美的事情实际上是不存在的。

追求完美既是一种正常的渴望，也是一种悲哀，因为现实生活中根本没有完美的东西，如果一味地追求完美，那么最终会作茧自缚。人生旅途中，永远不要背负着"完美"的包袱上路，否则你将永远陷入无法自拔的矛盾之中，最后也只能在苦恼中老去。

有一个渔夫从大海里捞出来一颗硕大而美丽的珍珠，但他并不感到满足，因为那颗珍珠上面有一个小小的斑点。他想，若是能够将这个小小的斑点去除，那么它肯定会成为世界上最珍贵的宝物。

于是，他就下狠心削去了珍珠的表层，可是斑点还在。他又削去第二层，原以为这下可以把斑点去掉了，然而它仍旧存在。就这样他削了一层又一层，直到最后，那个斑点终于没有了，而珍珠也不复存在了。后来，那个人心痛不已，并由此一病不起。临终前，他无比懊悔地对大家说："如果当时我不去计较那一个斑点，现在我的手里还会攥着一颗美丽的珍珠啊！"

生活中，很多人把追求完美当作是人生的目标，但是，越来越多的人却被对"完美"的这份追求压得喘不过气来，深受完美主义之累，把所有的心思都投入完美中，无论对生活、对工作都锱铢必较，其结果只会把自己搞得筋疲力尽。

心理学家研究证明，试图达到完美境界的人与他们可能获得成功的机会恰恰成反比。追求完美给人带来莫大的焦虑、沮丧和压抑。事情刚开始，他们在担心着失败，生怕干得不够漂亮而辗转不安，这就妨碍了他们全力以赴去取得成功。而一旦遭到失败，他们就会异常灰心，想尽快从失败的境遇中逃避开去。他们没有从失败中获取任何教训，而只是想方设法让自己避免尴尬的场面。他们往往神经非常紧张，以至于连一般的工作都不能胜任；不愿冒险，生怕任何微小的瑕疵损害了自己的形象；对自己有诸多苛求，毫无生活乐趣。总是发现有些事未臻完善，于是精神总是得不到放松，无法休息。对别人也吹毛求疵，人际关系无法协调，得不到别人的合作与帮助。

背负着如此沉重的精神包袱，不用说在事业上谋求成功，而且在自尊心、家庭问题、人际关系等方面，也不可能取得满意的效果。他们抱着一种不正确和不合逻辑的态度对待生活和工作，他们永远无法让自己感到满足，每天都是焦灼不安的。所以说，追求完美只能使人处于不知所措的境地。

人生没有完美可言，完美只在理想中存在。我们可以接近完美，但永远也不可能达到完美。一味地追求完美，只能给人生留下太多的烦恼和遗憾。一位哲人在日记中写道：如果再给我一次生命，我不会再追求事事完美。只有自己确定了重点的人，才是一个能享受到生活快乐的人。因为快乐的人不是把一切都做得尽善尽美的人。所以，我们只要把心放宽一些，对自己不去苛求，对别人也不去苛求，生活就会少去许多的烦恼。

没人逼迫你，何必活得太累

在如今快节奏的都市生活中，有许多人感到生活很累。这种"累"并不单是体力上的疲劳，更主要是心理上感受和体验，是精神负担太重、极度疲劳的表现。其实，生活本身并不累，它只是按照自然规律，按照它本身的规律在运转。说生活太累的人是他本人活得太累了。

活得太累其实是心累。处境不佳用不着痛心疾首，人生又哪来的时时刻刻都一帆风顺？为上司一个不满意的眼色又何必五分钟喘不上气来？在未来的生活中，你有的是表现的机会，何况铁打的衙门流水的官，这是千古不变的事实。想想这些你就会变得坦然，看到别人的业绩突出也不必眼红肚胀，因为忌妒有害健康，只要自己尽力而为就行了。

感觉活得太累的人往往不能很好地调节自己，每遇到不幸的事情发生时，不能辩证、乐观地去看待，而且容易对生活产生悲观想法，似乎世界末日就要来临了。哪怕是看电视看到某地发生了地震，死了许多人，也会紧张得要命，夜里不得安睡，总是疑心地球要爆炸了。你说，这不是杞人忧天吗？

如果长此以往，总是生活在心情沉重、感情压抑之中，那将是非常可怕可悲的事情。处处都要考虑得失，时时都要注意不必要的细枝末节，你还有更多的时间去享受生活、成就事业吗？回答当然是否定的。因为你连很小的一件事情都要前思后想，时间就在你的犹豫中溜走了。也许，当你老了的时候，你回过头来会发现自己是那么渺小，两手空空，一事无成。到那时，你也只有空悲切了。

时刻感觉生活太累的人，必然看不到生活中光明的一面，更感觉不到生活中的乐趣。因为他的时间统统用来盯住自己周围狭小的一点空间，而无暇顾及其他的事情。而且，他的生活是非常被动的，因为他不愿主动去做什么，生怕天上飞鸟的羽毛砸了自己。这样的生活是不会幸福的，更没有快乐可言，这样的生活是沉重的。

活得累的人不懂得放松自己，更不懂幽默，他们唯恐别人以为自己对生活不够严肃。活得累的人就像身上穿着一件厚重的铠甲，既不能活动自如，又不能脱去它，因为它太沉了，压在身上重如千斤。活得累的人就像永远戴着一副面具，这副面容在人前谨小慎微，在人后愁眉苦脸，累得让人喘不过气来。

既然活得累是一件很痛苦的事情，既然生命对我们来说又是那么宝贵和短暂，我们何不换一种活法，活得轻松一点、幽默一点，努力去感受生活中的阳光，把阴影抛在后头。

要想获得轻松的生活，你一定要了解自己的能力范围，知道应该在什么时候放下沉重的包袱，轻松一会儿。你必须要明白，你只是一个人，你的能力是有限的。如果你所负的责任十分重大，你也一定要知道在什么时候卸下这些责任。不要妄想你自己能够从事某些超越自己能力的事情。

几年前，有一个人对心理医生说："我喜欢我的工作，我爱我的家人，我的生活过得很舒服，我想我很幸运。但当我坐上车子，开上高速公路，奔向城里上班时，我立即感到全身紧张，要经过几个小时之后，才能把这种紧张的感觉摆脱掉。"

心理医生对他说："你用不着开车上班，你可以改乘坐地铁去上班。既然你开车时心情紧张，那么开车对你有害。"

他接受了心理医生的建议，使他的生活更为轻松愉快。

心理医生说："我现在并不是强调不要开车——开车虽然会令某些人感到紧张，但也会令某些人感到轻松，但最重要的是，尽量避免逼迫你自己。"

是的，既然有时你觉得生活得太累，你又何必逼迫自己呢？不要让自己长期生活在紧张、压抑之中，不要让自己的琴弦绷得太紧，必要的时候，放松一下自己，轻松地活着。

人在世上生活的时间屈指可数，不要把自己束缚得太紧了，人活着就要活得有意义，轻松、健康、安全的生活才是我们的追求。

停止抱怨，改变现状

现代人都生活在一种很大的压力之中，有些时候，遇到不顺心之事，感觉抱怨一下，好像能得到一种缓解，并且有益于身体健康，但如果不停地抱怨，便会让听者不耐烦了。更重要的是，抱怨解决不了任何实质性的问题，还容易令我们陷在消极的泥潭里。

在日常工作和生活中，我们总能随处找到时常抱怨的人：抱怨自己的人生有太多的不顺、抱怨自己的住处很差、抱怨工作环境差、抱怨自己有才能却没人赏识……抱怨的人们，一心仰面向天乞求财富，却从不低下头来仔细想想自己已经拥有的一切。于是时间在怨天尤人中悄悄流逝，他们踌躇、苦闷，最终一事无成。

就已经进入了不幸之中。很多人在遇到困难和挫折时，习惯抱怨，似乎只有抱怨过后心里才会得到一丝安慰，才能彰显出自己内心的无奈。然而事实上，抱怨根本无法真正排遣掉一个人内心的无奈。在生活和工作中，如果人们一旦遇到不如意之事便大加抱怨，甚至还因此而养成一种生闷气的习惯，不仅于自己的身心无益，还会让自己的心情被坏情绪所影响。因此，只有保持一种淡定的心态，才能避免心情不被影响，才能让自己的人生变得更加从容。

很久以前，山里住着一个大师和他的两个弟子，大弟子就是一个很喜欢抱怨生活的人。一天晚上，大师亲自下厨炒了几个菜，随后大师和他的两个弟子坐在一起吃饭。刚开始吃饭，大弟子就滔滔不绝地抱怨起来，一开始是抱怨下山的那条路太泥泞，然后抱怨因为干旱要走很远的路去挑水，再后来又抱怨化缘的时候常常遭别人的鄙视，最后还会抱怨他们庙里的香火不如其他庙里的香火旺盛……大师就这样听着，一句话都没有说，等大弟子发完牢骚后，大师就问两个弟子："今晚的饭菜做得怎么样啊？"大弟子这才猛然意识到，紧接着说："我刚才只顾着说话了，没有留意菜的味道如何。"大师又扭过头去问小弟子："今晚的饭菜味道如何啊？"小弟子惭愧地摇摇头，说："我刚才光顾着听大师兄说话了，也没有注意品尝饭菜的味道。"大师无奈地摇摇头，说："那你们现在好好地品尝一下吧。"两位弟子分别夹了大师做的这几个菜，用心地品尝了一番，然后异口同声地说："师父，您今晚做的菜真是太好吃了！"大师微微一笑，说："当你们一个在不停地抱怨生活，而另一个在专心地听别人抱怨的时候，你们都忘了享受生活带来的乐趣。"这就是抱怨带来的不好的影响。

生活的快乐与否，取决于个人对人、事、物的看法，因为生活是由思想造就的。很多人都喜欢生活在抱怨和郁闷中，那是因为他们总是对环境有这样或者那样的不满，而看不到生活中的幸福的一面。

一个整天抱怨的人是不可能有好心情的，他常常会感到不快乐，也不可能有幸福感。所以，与其整天抱怨，不如把心放宽一点、自然一点、洒脱一点。

其实，抱怨只是一种情绪的发泄，于事无补，不停地抱怨，只能放大原来的烦恼。如果想抱怨，生活中的一切都可能成为你抱怨的对象，如果不抱怨，换一个角度想问题，你会发现，通过你的努力，你能改变事情，并获得成功和幸福的体验。

第五章　淡泊宁静，诱惑面前要淡定

保持真我，不为名利所动

人活在世上，无论贫富贵贱，穷达逆顺，都免不了要和名利打交道。《红楼梦》一书里有句开篇偈语：世人都晓神仙好，唯有功名忘不了；古今将相在何方？荒冢一堆草没了。世人都晓神仙好，只有金银忘不了；终朝只恨聚无多，及到多时眼闭了。

在曹雪芹笔下，对功名、对金钱追逐的刻画，可谓入木三分。虽然世人都知道名利只是身外之物，但是很少有人能够躲过名利的陷阱，一生都在为名利所劳累、甚至为名利而生存。

有一位高僧，是一座大寺庙的方丈，因年事已高，心中思考着找接班人。一日，他将两个得意弟子叫到面前，这两个弟子一个叫慧明，一个叫尘元。高僧对他们说："你们俩谁能凭自己的力量，从寺院后面悬崖的下面攀爬上来，谁就是我的接班人。"

慧明和尘元一同来到悬崖下，那真是一面令人望之生畏的悬崖，崖壁极其险峻陡峭。身体健壮的慧明，信心百倍地开始攀爬。但是不一会儿他就从上面滑了下来。慧明爬起来重新开始，尽管这一次他小心翼翼，但还是从山坡上面滚落到原地。慧明稍微休息后又开始攀爬，尽管摔得鼻青脸肿，他也绝不放弃……让人感到遗憾的是，慧明屡爬屡摔，最后一次他拼尽全身之力，爬到半山腰时，因气力已尽，又无处歇息，重重地摔到一块大石头上，当场昏了过去。高僧不得不让几个僧人用绳索将他救了回去。

接着轮到尘元了，他一开始也是和慧明一样，竭尽全力地向崖顶攀爬，结果也屡爬屡摔。尘元紧握绳索站在一块山石上面，他打算再试一次，但是当他不经意地向下看了一眼以后，突然放下了用来攀上崖顶的绳索。然后他整了整衣衫，拍了拍身上的泥土，扭头向着山下走去。

旁观的众僧都十分不解，难道尘元就这么轻易地放弃了？大家对此议论纷纷。只有高僧默然无语地看着尘元的去向。尘元到了山下，沿着一条小溪流顺水而上，穿过树林，越过山谷……最后没费什么力气就到达了崖顶。

当尘元重新站到高僧面前时，众人还以为高僧会痛骂他贪生怕死、胆小怯弱，甚至会将他逐出寺门。谁知高僧却微笑着宣布将尘元定为新一任住持。

众僧皆面面相觑，不知所以。

尘元向同修们解释："寺后悬崖乃是人力不能攀登上去的。但是只要于山腰处低头下看，便可见一条上山之路。师父经常对我们说'明者因境而变，智者随情而行'，就是教导我们要知伸缩退变啊！"

高僧满意地点了点头说："若为名利所诱，心中则只有面前的悬崖绝壁。天不设牢，而人自在心中建牢。在名利的牢笼之内，徒劳苦争，轻者苦恼伤心，重者伤身损肢，极重者粉身碎骨。"然后高僧将衣钵锡杖交给了尘元，并语重心长地对大家说："攀爬悬崖，意在考验你们的心境，能不入名利的牢笼、心中无碍、顺天而行者，便是我中意之人。"

要知道，名是缰，利是锁，一味地醉心于功利，就会被名缰利锁绊住；如果使自己陷入贪得无厌、争权夺利、钩心斗角之中就无法摆脱这些虚名浮利的束缚，就会迷失了自己。

人生需要有一份恬淡自守的心境，少一些患得患失和心浮气躁，多一些豁达无争。在悠悠岁月中，如果能够拥有和保持一颗淡泊平静的心，不为名利所累，以不同于流俗、看淡名利的心去追求生活中的自我完善和满足，便会体会到无限的快乐和轻松，从而走好自己平稳而又充实的人生之路。看轻世俗的名利，舍弃贪欲和虚荣心，才能在安宁恬淡中坚守住心灵的净土，只有淡泊宁静才是韬光养晦的大智慧。

清乾隆及嘉庆年间，辽阳有一位名叫王尔烈的才子。年少时，他就精通诗词歌赋，书法也算得上是一流，可谓聪慧过人。后来应试得第，做了朝廷的官员，他从不贪赃枉法，为官清廉，有两袖清风之美誉。

一次，王尔烈从江南科举考试的考场回来，恰逢嘉庆帝登基，上朝的时候，皇帝单独召见他，问他家境如何，他毕恭毕敬地回答道："臣家中有几亩薄田，数间草屋。"

嘉庆皇帝说："朕知道你为官清廉，不贪图钱财，现在我派你去安徽铜山铸钱。你去上任几年，家境就会不一样了。"就这样，王尔烈被嘉庆帝派往了安徽。

安徽铜山那里有清政府御制的铸钱炉，王尔烈到了铜山之后，兢兢业业地在那工作了三年后，便被嘉庆帝召回京城。一天，皇帝又单独召见他，问他："爱卿，这回你可以无忧地安享晚年了吧？"嘉庆帝以为王尔烈从铸钱之地回来，怎么也该会有一些"实质性的收获"，却没料到，王尔烈听了皇帝的话，微微一笑说："皇上，微臣依旧两袖清风，一无所有。"

嘉庆哪里肯相信，不无怀疑地说："那怎么可能啊？"王尔烈就在皇帝面前，把自己的衣兜和袖子翻了一遍，除了在袖套里翻出几枚被磨得发光的铜板，再没什么。坐在宝座上的嘉庆一看，那是几枚铸钱时用的模子。

看到这样的情景，嘉庆帝甚为感动，深深一叹，说："爱卿真的是廉洁奉公、两袖清风啊！"

人常说："在其位，谋其利。"可是，王尔烈却能抗拒铸钱的大好时机，不贪污国家的一文钱。可见，他把名利看得很淡。不慕名利，甘于清贫，这是一种人生的大境界。

看看我们的周围，大家争先恐后奋战在名利场上，正所谓天下熙熙，皆为利来，天下攘攘，皆为利往。能有多少人真正做到淡泊名利、笑看人生呢？

能不为名利所动是一种境界，追名逐利是一种贪欲。当今社会真正淡泊名利的人很少，追逐名利的人很多。不让利欲把自己的心熏黑，就是要超脱世俗的诱惑与困扰，对待名利上的一切事物漠然处之，豁达客观地看待一切。要知道，从古到今，名利都不是争来的，而是不为名利所动靠自己的勤劳和品格赢得的。

不为名利所动是人生所为的一种态度，是人生的一种哲学。人生在世，不为名利所累，就是一个脱离了低级趣味的人，一个有道德、有智慧、有勇气的人。

淡泊生活是一种心境

人贵有淡泊之心。有了淡泊之心，我们才能在成功面前不骄傲自满，在失败面前不灰心丧气，始终保持一种平和稳定、乐观豁达的人生态度；有了淡泊之心，我们才能用一种超然的心态，对待眼前的一切，不做世间功利的奴隶，也不为凡尘中各种牵累所左右，使自己的人生不断升华；有了淡泊之心，我们才能在当今社会愈演愈烈的物欲和令人眼花缭乱的世相百态面前神凝气静，坚守自己的精神家园，执着追求自己的人生目标。

淡泊是一种处世的态度，是一种人生的情怀，是一种生命的境界。懂得淡泊，并能做到淡泊的人是快乐的、幸福的。

淡泊，并非是不思进取的颓丧，也不是漫无目标的茫然，也绝不是心如死灰般的冷酷苍白，更不是造作虚伪貌似平静的脆弱，它代表着一种深厚博大、一种高贵理智。放下了对名利的追逐，也就放下了心上的负担，轻身走过去，再窄的路都会好走。

陶渊明年轻时就有高尚的志趣，曾经著《五柳先生传》自喻：

先生不知是什么地方的人，也不清楚他的姓名，他的房子旁有五棵柳树，因此就用"五柳"做他的称号了。他性情恬静、与世无争，不贪图荣华利禄。爱好读书，却不拘泥于繁文缛节，每当有些心得体会就会高兴得忘记吃饭。生来唯独嗜酒，却不能经常得到。左邻右舍知道他的情形，有时就拿点酒给他，他也总是来者不拒，希望高高兴兴地喝醉，醉了就睡觉，一点儿也不讲究礼节。家中虽有四壁却不能挡风避雨，身上的衣服都已经破烂不堪了，囊中羞涩缺吃少喝但他安然自得，常写些文章自娱自乐，以展示自己的好恶，从不把得失当一回事，就这样平平淡淡度过一生。

因为家中贫穷没钱照顾年迈的母亲，陶渊明就去当了朝廷的一个小官，因为他看不惯官场的钩心斗角，干了没几天就主动离职回家，朝廷聘他去做官他也不去。亲自耕种供给自家生活，异常辛苦的农活使得身体又弱又病。后来他又担任了参谋，问左邻右舍说："为使自己的生活过得好一点，我想去当一个小官，行吗？"朝廷知道了陶渊明的心思，就任用他在彭泽县当个县官，他吩咐属下在朝廷的田里全都种上秫稻，妻子坚持请他种粳稻，他才在二百五十亩地种秫，五十亩种粳稻。朝廷派官员到彭泽县来视察工作，县里的人告诉他应当穿戴整齐地去拜见上级官员，陶渊明长叹一声说："我不能为了五斗米的工资弯腰迎接这些小人。"他当即离职而去。

陶渊明不为五斗米折腰的故事至今流传不止。这充分说明了他看淡名利、悠然自得的心性。其中虽有因经济拮据而捉襟见肘的无奈外，"采菊东篱下，悠然见南山"的生活情趣不是更自然恬淡吗！

名利的诱惑不是一般人所能抵挡的，世人常常被心中的欲望所驱使，为了获得、占有，尔虞我诈，甚至不惜以身试法，而真正能做到清心寡欲，面对名利的诱惑而处之泰然的人却少之又少。

可以说，名和利是两张无形的大网，人们一旦陷进去，就会越陷越深，生命也会被这两张网勒得喘不过气来，更何谈从容潇洒地活着呢？所以，智者选择放下名利，追求恬淡悠然的生活。

淡泊名利是人生所持的一种态度，是人生的一种哲学。"淡泊以明志，宁静以致远"，实为做人的美德。如果我们能以一颗淡泊平静的心去看世上的一切，得失不计，荣辱不惊，我们就会发现，在这个世间，水流是多么的清澈，阳光是多么的和煦，风景又是多么的迷人，而我们的生命，又是多么的轻松与快乐。拥有着淡泊名利的心境，去细细地品味人生，生活才会变得更加阳光灿烂。

不为欲望左右，听从自己的内心

俗话说，无欲则刚。人有欲望是正常的，关键是要在理智与欲望之间寻求平衡，而不要让财富成为放不下的负担。

权力、金钱、美色如同一把把利剑高悬于我们的头上，我们在动心的同时，也要警告自己那是有风险的。因此，在诱惑面前应该适可而止，减少一点欲望，才不会葬送自己的前途。

贪婪使人迷惑，在不自觉中丧失了理智，直到付出了沉重的代价时，惊醒为之已晚，让本来的一件好事成了遗憾的事情。

一个沿街流浪的乞丐每天总在想，假如我手头要有两万元钱就好了。一天，这个乞丐无意中发现了一只很可爱的跑丢的小狗，乞丐发现四周没人，便把狗抱回他住的窑洞里，拴了起来。

这只狗的主人是个有名的大富翁，丢狗后十分着急，因为这是一只纯正的进口名犬。于是，就在当地电视台发了一则寻狗启事：如有拾到者请速归还，付酬金两万元。乞丐看到这则启事，便迫不及待地抱着小狗去领那酬金，可当他路过一处时，发现所贴启事上的酬金已变成3万元。乞丐突然间停了下来，想了想又转身将狗抱回窑洞，重新拴了起来。第三天，焦急的富翁果然把酬金又涨了，第四天又涨了，直到第七天，酬金涨到了让市民们都感到有些惊讶时，乞丐这才跑回窑洞去抱狗。可想不到的是，那只可爱的小狗已经被饿死了，结果乞丐一分钱酬金都没有得到。

贪欲使人不仅难以得到想要得到的，而且，就连已经得到的也会轻易地失去。很多人痛苦的真正原因都是被无穷的欲望压得喘不过气来，成为欲望的奴隶。

我们每一个人所拥有的财富，无论是房子、车子、金钱……无论是有形的，还是无形的，没有一样是真正属于我们自己的。这些东西只是暂时归属于我们而已，所以，我们应该将心态放平和些，把这些财富统统都视为身外之物。

从前有个山民靠打柴为生，长年累月辛苦劳作，仍改变不了困顿的局面。他自己也不记得曾在佛前烧了多少炷高香，祈求佛祖降临好运，帮他跳出苦海。

佛祖果然慈悲，有一天，山民无意中在山坳里挖出了一个百十来斤的金罗汉。转眼间，他便过上了他从前做梦都无法梦到的生活，又是买房又是置地。而他的亲朋好友一时间竟多出十几倍，从四面八方赶来向他祝贺。可是这个山民只高兴了一阵，继而又犯起愁来，食不知味，睡不安眠。"偌大的家产，就是贼偷，也不能一时偷个精光，看你愁得像个丧失鬼！"他老婆劝了几次都没有效果，不由得高声埋怨起来。

"你一个妇道人家怎能理解我的愁事呢，怕人偷只是原因之一啊！"山民叹了口气，说了半句便很懊恼地用双手抱住了头，又变成了一只闷葫芦。

"十八罗汉我只挖到一个，其他十七个不知在什么地方。要是那十七个罗汉一齐归我所有，那该有多好啊！"这才是他犯愁的最大原因。

一位哲人说过，生命是一团欲望，欲望不满足便痛苦，满足便无聊。人可以适度满足欲望和实现自我，但不能过度。所以，我们要学会放下，过一种简单而淡定的生活，苦乐一味。

少一些贪念，人生就会多一些快乐

在这个世界上，几乎每个人都是带着枷锁生活的。很多人看似轻松自在地活着，实际上他们每天都活在欲望的追逐中，被自己的贪心主导了自己的思想、行为和意识。一个贪心或许还不足为惧，但是无数个贪心互相纠缠，就组成了一个粗壮的脚镣，而这条脚镣不仅能牢牢地拴住人们的手脚，还能拴住人们的心。当人们的心被众多的贪婪所占据的时候，人们又怎会感受到轻松、快乐呢？

有一次，苏格拉底带着他的弟子在野外修行，他们来到一块麦田前，苏格拉底对弟子们说："从现在开始，你们从这块田地的一边走到另一边，在田里捡一穗最大的麦穗，如果谁捡到了，这块田地就归谁。"

弟子们听了，都兴奋地拍起了手。

苏格拉底笑了笑，接着说："但有一个前提，就是你们只能拾一穗并且谁也不准回头重新拾。"

弟子们满不在乎地说："好，这还不简单。"

"既然如此，那我就在对面等你们。"于是，苏格拉底就坐在田地的对面的大树下等待结果。弟子们一起冲进田地，从一边走到对面，但最后他们都失败了，而且双手空空的。原因很简单，那就是他们都以为最大的麦穗在前头，看了看，比一比，都觉得眼前的不够大，所以他们的目光总是放在最前方，一路上也总是匆匆向前，结果到了尽头才发现其实最大的麦穗早已错过了，被自己遗弃在寻找的路上。

这个故事说明了一个道理：人的欲望永远不能满足，贪念使人们丧失了明确判断的能力。人们总想要得到更多的东西，所以贪成了大多数人的毛病。好东西总是吸引人的，如果你只想抓住自己想要的东西不放，然而越是抓得紧，越是抓住不放，失去的往往也就越多，结果可能什么也得不到。

　　有一只船快沉的时候，船上所有的人顾不得财物，纷纷离船逃命去了。有一个水手，舍不得财物沉在海里，也舍不得他的命丢在那里，所以他就先拿了一个最好的救生圈，围在自己的胸前，并对自己说："现在命是保险的了，现在可用一点工夫，去发横财。"于是，他跑到舱底下去搜寻各种财宝。所得真是不少，他拿块大布包好，绑在自己腰里，跑到船面上。现在船快沉了，时机不可再失，他就望海一跳，盼着救生圈浮在水面，等人来救。但很奇怪，一跳下海，并不上浮，就像一块石头，一直沉到海底。是救生圈失效了吗？为何沉下去呢？其实，是因为财宝太重。救生圈的力量只够救他自己，救生圈的力量不够救他和他的财宝。

　　如果凡事都不满足，只会让自己人财两空。做人如果不能控制自己的欲望，就会成为欲望的奴隶，最终丧失自我，被欲望所役。

　　有一个流浪汉在家里诚心地祈祷："万能的上帝啊，我只求你施舍我一些钱财吧，我只要一点点……"

　　这时候，上帝在流浪汉的身旁出现了，说道："好吧，我就让你发财吧，我会给你一个有魔力的钱袋，这钱袋里永远都有一块金币，是拿不完的。但是，你要记住，在你觉得够了的时候，要把钱袋扔掉才可以开始花钱。"

　　果然在流浪汉的身边，真的有一个钱袋，里面装着一块金币。流浪汉把那块金币拿出来，里面又有一块。于是，流浪汉不断地往外拿金币。

到了第二天，他很饿，很想去买面包吃。但是，在他花钱以前，必须扔掉那个钱袋，可是他舍不得扔掉。他又开始从钱袋里往外拿钱。每次当他想把钱扔掉时，总觉得钱不够多。他不吃不喝地拿，金币已经快堆满一屋子了。此时，他已变得十分瘦弱，头发也全白了，脸色蜡黄。

他虚弱地说："我不能把钱袋扔掉，金币还在源源不断地出来啊！"终于，当他挣扎着用尽最后一点力气去拿钱袋中的金币时，他头一歪，饿死在成堆的金币旁。

有贪婪心态的人总希望得到更多，他不知满足，结果命运让他失去一切，贪心只会愚弄自己。

这个世界有太多的诱惑，因此有太多的欲望，并随之有太多欲望满足不了的痛苦。我们要以清醒的头脑、从容的步履走过人生的岁月，不要让贪婪填满我们的心田。要知道我们终生劳苦而获得的财富和我们所能享受到的世俗的欢乐都只不过是过眼云烟，只有无欲的心才能给我们安慰。虚怀若谷方可无忧无虑，对需求的自足，才会让我们远离烦忧。

人生多有福，想开就知足

人的贪欲是难以填平的。因为贪欲太盛，所以，大多数人都不快乐。事实上，知足是快乐的源泉。如果欲望太多，反而会失去本该拥有的一切。古贤云：贪得者，虽富亦贫；知足者，虽贫亦富。唯有能惜福者，才能知足，知惜福才能领悟自己所需的并不多；能知自己所需的并不多，才能知足，能知足才能少欲；能少欲，才能安分；能安分才能有所为、有所不为。此即"无欲则刚"的道理。所以我们不妨学会知足常乐。

从前有一个国王，富有整个天下，可以为所欲为。但是，他却不知道自己是否幸福。并且为此而深深苦恼，于是，他命令其手下去给他找一个幸福的人来，好让他看一看怎样才是幸福。奉命寻找幸福的人想："全国上下，谁会最幸福呢？应该是宰相，他大权在握，位高权重。"于是，他们找到了宰相，并向他说明了来意，宰相闻讯，陷入沉思，然后他说道："其实我并不幸福，尽管位高权重，但是官场上尔虞我诈，钩心斗角，难以论理。我为此费尽心思，终日不得安宁，哪里还会有幸福。"为国王寻找幸福的人只好退了出来，重新再考虑谁会幸福，这时他想到了财务大臣，于是就前去拜访，向他说明了来意。财务大臣回答："对不起，我并不幸福，尽管我有万贯家产，掌管着国库，可是生意场上变幻莫测，我为此终日忧虑，并且每日还担心有人前来偷窃，我又怎么能够幸福呢？"奉命寻找幸福的人，又走访了国防大臣，想他军权在握，可能会幸福；走访了内务大臣，想他人缘广阔，可能会幸福……就这样，他们又走访了许多他们认为可能会幸福的人，可是始终未能找到真正幸福的人。无奈之下，他们走出城外，想到远处再去寻访，途中遇到一位农民，一边在田里耕作，一边在唱着一首《幸福歌》："天下的国王不幸福，天下的宰相不知足……天下的谁人最幸福，唯我农人最知足。"国王的手下一听喜出望外。

这虽然是一个小故事，但反映出了关于幸福的思考：知足是人生最大的幸福。其实，每个人心中都有一把幸福的钥匙，但我们常常身在福中不知福。因为贪心、不满足，在已拥有的基础上要求得到更多，所以感觉不到幸福。希腊哲学家伊壁鸠鲁说过："如果你要使一个人快乐，别增添他的财富，要减少他的欲望。"的确如此，一个人要得到幸福和快乐，并不需要追求什么，而是要放弃那个追求。放弃越多，欲望就越少；欲望越少，满足就越多，幸福也就越多。生活中，只有那些知足的人，才会活得幸福、活得快乐、活得单纯、活得踏实。

知足者常乐。所谓知足，是种平和的境界。所谓常乐，是一种豁达的人生态度，是说这个人懂得取舍，也懂得放弃，更懂得适可而止，而不是说这个人安于现状，没有追求、没有目标。

每个人都希望得到快乐，但是快乐并不是每个人都能感受到的，有的人常常感受不到快乐或者很少感到快乐。其实，只要我们长存知足之心，用乐观积极的态度面对现实，以平常心对待人生，就会感到快乐就在身边。

知足常乐是一种健康的人生态度，它让你用宽容的心态来对待人生，面对生活，因为这种心态能让你在生活上不贪婪、不奢求、不浮躁，从而心境平和且宁静。就生命的本质而言，知足常乐充满了平凡而又深奥的哲理，人人都应该深而思之。

下篇　舍得

舍得是中华文化的精义，"舍得"二字，浓缩了做人的哲学和做事的道理，包蕴成功的准则和幸福的真谛。先哲孟子说过："鱼，我所欲也；熊掌，亦我所欲也。二者不可得兼，舍鱼而取熊掌者也。"意在告诫世人，面对大千世界的种种诱惑，要有所舍弃，要勇于舍弃心中的欲望，这样才能活出自在从容的人生。

第一章　人生有得必有失，有舍才有得

舍得，人生的真义

万物循环往复，世事沧桑变幻，人生沉浮不定，均在舍得之中达到和谐统一。舍得，有舍才有得。在得与失之间，要做大胆的取舍，这是浓缩了中华五千年古老智慧的精髓。

"舍"与"得"是对立的，但从"有舍有得"的角度，它又是统一的，因此"舍得"是一个矛盾统一体的概念。"舍"是放弃，却成了成因，结出了"得"的成果，不舍者不得，得必因舍而得。"舍得"相生相克，相辅相成，存于天地，存于人生。

过去，有一个人家里老鼠成灾，主人就找了一只猫回来捕鼠。这只猫很会捕鼠，但是也咬鸡。一段时间后，主人家的老鼠没有了，同时鸡也被咬死了几只。于是，儿子对父亲说："我们为什么还要留着一只专爱咬鸡的猫在家呢？"父亲告诉儿子说："这里面有这样一个道理，老鼠不但偷吃我们的粮食，而且还咬坏我们的衣服，如此横行下去，我们就会挨饿受冻；没有了鸡，我们只是暂时吃不上鸡罢了，但是比较一下，这和挨饿受冻又差着一大截，我们为什么要赶走猫呢？"

要想过上不挨饿受冻的日子，就必须舍鸡养猫，付出代价才能得到回报。这就是要想取之，必先予之的道理。可是，世人常常只想取之，不想予之；只想得，不想舍，贪得无厌，最后的结果是失去更多。

人生在世，最难把握的就是"舍得"这两个字了。人生有舍才有得，当你懂得了"舍"时，你就会"得"到更多。有位哲人说过，如果把人一生中的获得和失去相加，得到的结果为零。也就是说，人从来到这个世界到离开这个世界，失去了多少，必然也就得到了多少。这就是"舍得"的辩证法。

在当今这个纷繁复杂、欲望丛生的社会里，我们常常被一些微不足道，应当迅速忘掉的小事所干扰，因而失去理智。我们也常常被名望利益所诱惑，不能自己，陷入追名逐利的旋涡之中无法抽身。因此，只有明白舍得之道，明白自己最终想要的是什么，有所舍弃，才能活得洒脱，才能最终有所得。

人生之道，贵在舍得。得，并不是非要我们事事精通，无所不能；舍，也并不是要我们去愤世嫉俗，远离红尘。做一个拿得起放得下的人，追求自己想要的生活，不被一些事情所牵绊。只有做到了这一点，你才会成为一个快乐而充满魅力的人，只有做到了这一点，你才会拥有一个成功而幸福的人生。

有这样一个故事：

某花农历尽艰辛培育出一种新品郁金香，色泽艳丽，花冠硕大，香气袭人，一上市便成了抢手货，村里其余花农自叹不如。有人建议他申报专利，有人出天价买断他家的全部种苗，而他却召集全村花农，给每户都无偿赠送了一小包这种新品郁金香花籽，鼓励大家回去下种。此后，他家和这个村所有的花圃都开遍了美艳绝伦的郁金香，整个小村成了超级大花市，外地客户纷至沓来，于是其余花农也都走上了富裕之路。有电视台记者问他："你为什么要放弃'垄断'地位，而去帮助其他花农？"他说："其他花农也帮助了我。再好的花也要靠蜂蝶来回授粉，如果乡亲们的花种不好，那么时间一长我的新品种就会慢慢被同化，最终将被市场无情地淘汰……"

可见，当你舍弃一些利益时，会获得更大的利益。这就是舍与得之间的辩证关系。

人一生中的每时每刻，都是在选择与舍得中度过的。在人生每个重要的关头，正确的取舍，可以使人飞黄腾达，生活在幸福之中。因为懂得舍得，所以才能获得！成功永远是舍得之后的奖赏。古往今来，成大事者都是懂"舍"之人。不懂得舍得的人，永远也体会不到舍得之后的美丽。万事万物不可能总是十全十美，往往鱼和熊掌不能兼得，你必须舍掉鱼才有可能得到熊掌，所以这时候你必须懂得舍得。该舍的时候一定要舍得去"舍"，只有舍掉了该舍的才有可能得到更多。

正确面对人生的得与失

人生一世，总与得失相伴，总会有得有失。何谓得？得就是拥有；何谓失？失就是失去。拥有时，并不代表如意；失去后，也并不表示结束。有得必有失，有失必有得，人生就是这样一个得与失的过程。

有个商人发了一笔小财，他高兴得不得了，于是逢人便说起自己赚了多少钱，可是后来他又十分后悔，怕自己把这件事说出去后，有人去偷金子，所以他每日担心，每夜难以入睡。于是他就在墙角处挖了一个洞，把金子放在那里，而且每天都要看一次。由于他总要去那里，渐渐地还是引起了别人的注意，终于有人趁他不备偷走了金子。这位商人再去时，金子已经不见了，于是他放声大哭起来。邻居见他如此难过，就纷纷地安慰他说："金子埋在那里不用，和石头没有什么区别，这样吧，你再埋一块石头在那里，拿它当金子不就行了吗？"于是，这位商人才停住了哭声。

面对得失就应当有一个正常、豁达的态度，既不要在得到时喜不自胜，也不能在失去时悲痛欲绝。能够正视得失，对你的人生观会很有帮助。得失之间有好有坏，得也不一定值得欢喜，失也不一定值得伤悲。不管是得是失，都各有因缘。是你的，不必力争也会得到；不是你的，即使千方百计取得，也会随风而逝。人的一生，失去了金钱，会有再来的时候；而失去了人格与道德，却极不容易恢复。

有位父亲因冒犯了官府，被抄了家、封了房，不得不带着儿子上街行乞以维持生活。这时，儿子因沦为乞丐悲伤至极。此时，父亲就说："你应该高兴才对，以前我父子俩守着那一摊子家业，天天担心被人侵害，每天睡觉都睡不安稳，你读书也读得不安心，现在这些家业没了，也就不用再担惊受怕了，可以天天睡好觉了，你也可以静心读书了，这何乐而不为呢？"儿子一听，觉得有道理，也就不再悲伤，只安心跟着父亲边乞讨边读书。

有一天，他们家那条街失火，包括他们家的房子在内的整条街全被火烧了，而恰在火灾后不久，他们的案子平反了，官府拨了银子补偿了他们家的损失，让他们重建了房子，而其他人家的房子全要靠自己掏钱重修。这时，儿子得意了，但父亲对儿子说，我们虽然能得到官府的赔偿，但我们只得到了原本属于我们的，即使得到更多的也没有什么得意的，因为得到的东西总有一天也会失去的，你还是安心读书吧。儿子虽然不喜欢父亲这样说，但还是听了父亲的话，没有再得意。

过了没多久，官府要征一处房子做皇上的行宫，以备皇上来巡之用，官府选来选去，就看中了这父子家的房子，便把父子俩赶了出去。儿子这时又忍不住了，要找官府论理，父亲又劝，我们虽然失去了房子，但这房子是为了给皇上住，我们的房子能给皇上住，说明我们享过皇帝一样的福了，我们应该感到满足和荣幸才对。儿子又听了父亲的话，没有去找官府论理，而把心思放在读书上了。

后来皇上出巡住进这个行宫，听说了这房子主人的事，于是便吩咐把原来的主人找来。父子俩见皇上时，一身破烂，骨瘦如柴，皇上顿生怜悯之心，便下令搬出行宫，屋归原主，并当场赏银千两以作为补偿，而且当知道这家儿子年已十八且饱读诗书时，便要下诏封他为官。这一切是父子俩做梦也没想到的，当然高兴不已，特别是儿子，收回了房子又得官，甚是得意。可父亲劝儿子要保持冷静，不能接受官职。儿子又听了父亲的话，婉拒了皇上的旨意，然后潜心读书，追求学问。又过了几年，儿子终于考上了进士，并入南书房任事。知道儿子高中的消息，父亲既不道喜也不祝贺，只给儿子写了四句话："得意莫张狂，失意莫悲伤。世间多少事，得失最平常。"

这位儿子就是后来官至工部尚书、翰林院学士，再迁任刑部尚书的大名鼎鼎的大清名臣刘统勋，后来成为大清朝一品内阁大学士——刘罗锅。

人生是一个不断得到和失去的过程，有得必有失，有失必有得，对于得到的应该知道珍惜，对于失去的，也没必要耿耿于怀，这才是明智之举。

在人生的道路上，很多时候得亦是失，失亦是得，得中有失，失中有得。在得与失之间，我们无须不停地徘徊，更不必苦苦地挣扎，我们应该用一颗平常心来看待生活中的得与失。我们要清楚，对自己来说什么才是最重要的，然后主动放弃那些可有可无、不触及生命意义的东西，求得生命中最有价值、最纯粹的东西。

得失难两全，取舍须三思。你如向往佛门净地，就别留恋世间红尘；你如远离城市喧嚣，就别羡慕灯红酒绿；你如渴望金榜题名，就得经受寒窗之苦；你如崇尚独身主义，就得忍耐孤单之寂。老天是公平的，他赐予你一样东西，肯定会从你身边拿走另外一样，我们只有真正领会到了得与失的真谛，才可以生活得更加快乐、更加幸福。

那么，究竟得与失的标准又是什么呢？其实，没有绝对的标准，可谓仁者见仁，智者见智。但是有一句谚语说得好：别捡了芝麻，丢了西瓜。这个得与失的标准非常直观，一个西瓜的价值远远大于一粒芝麻。

得到和失去是人生常有的事，人应该学会习惯于失去，并善于从失去中有所得。受挫一次，对生活的理解便加深一层。举得起，放得下，叫举重；举不起，放不下，叫负担。做你喜欢做的事，并把它当成是一种乐趣，这样并不一定意味着生活过得轻松，但绝对可以活得更精彩。只要我们正视人生的得失，月亮即使有缺，也依然皎洁；人生即使有憾，也依然美丽！

得与失是可以相互转化的

人的一生仿佛就是得失的轮回，得失就像是一对跳跃的充满灵性的音符，不停地编织着人生乐章中每一个悠扬的旋律。"百得会有一失，百失也会有一得"，这句话虽谈不上是至理名言，但也从一个侧面说明了得与失相互转化的关系。

有这样一个故事：

风浪中，船沉了，唯一一位幸存者被风浪冲到了一个荒岛上，每天，这位幸存者都翘首以盼，希望有船来将他救出。然而，他日盼夜盼，还是没有船来。

为了活下去，他就辛辛苦苦地弄来了一些树木枝叶给自己搭建了一个"家"，每天，他默默地向上帝祈祷着。然而，不幸的事发生了。一天当他外出寻找食物时，一场大火顷刻间把他的家化为了灰烬，他眼睁睁地看着滚滚浓烟消散在空中，悲痛交加，眼中充满了绝望。

第二天一大早，当他还在痛苦中煎熬时，风浪拍打船体的声音惊醒了他——一只大船正向他驶来。他得救了。"你们是怎么知道我在这里的？"他问。"我们看见了你燃放的烟火信号。"

人生没有绝对的事。在某些时候，失去的同时也是得到，而且得到的远远比失去的要多。

生活中往往有得就有失，得到和失去都是一种暂时，而且还是一种偶然，以善良的眼光看待云卷云舒、潮起潮落，以平静的心灵对待工作和生活，才是每个人值得追求的真谛。

人的一生，总在得失之间，在失去的同时，也往往会另有所得，只有认清了这一点，才不至于因为失去而后悔，才能生活得更快乐。

先舍后得，学会放弃

当我们面临选择时，必须学会放弃。放弃，并不意味着失败。像下围棋一样，小的利益虽然放弃，得到的却是更大的利益。但如果想兼得鱼和熊掌，恐怕连鱼也得不到了。这个道理听起来简单，但要真正将它纳入我们的内心却并不容易。

我们不妨先看看一道测试题：

在一个暴风雨的夜里，你驾车经过一个车站。车站上有三个人正在等待公交车的到来，其中一个是病得奄奄一息的老妇人，一个是曾经救过你的医生，一个是你长久以来喜欢的梦中情人。你的车只能带走一个人，你会选择哪一个？

你的选择是病人、医生还是心上人？大多数人的选择都是三者之一。可是，这个测试还有更好的选择：把车钥匙交给医生，让他开车带老妇人去医院，然后自己和梦中情人一起等待公交车。为什么大多数人想不到这个几近完美的解决方案？就是因为我们从来不想舍弃任何东西，就像无法交出自己那把车钥匙。

舍弃是一种勇气，而获得是对勇气的嘉奖，如果你能领悟舍得的道理，你的人生会有一种如释重负的感觉，只有懂得舍弃，才能深入生活、把握当下。如果牢牢攥紧手心不愿松开，你就失去了获得更多的机会。

在人生的战场上，我们必须善于放弃，而倾注自己的时间和精力于主战场上，不必计较次要战场的得失与荣辱。在我们的学习生活中，学会放弃同样重要。当你路过篮球场或足球场时，看到别人正尽兴比赛，听到那欢快的笑声时，能不动心吗？但这时，我们必须放弃一项：去燥热的教室里学习，或是在凉爽的绿茵球场上活动，斟酌损益，当放弃后者而取前者，因为我们的前途比短暂的欢乐更为重要。我们应当学会放弃，并且敢于放弃，不要为一点利益斤斤计较。

在人生紧要处，在决定前途和命运的关键时刻，我们不能犹豫不决，徘徊彷徨，而必须明于决断，敢于放弃。卓越的军事家总是在最重要的主战场上集中优势兵力，全力以赴去争取胜利，而甘愿在不重要的战场上做些让步和牺牲，坦然接受次要战场上的损失和耻辱。

在人生的一些关口，我们的生命中会长出一些杂草，侵蚀我们美丽丰富的人生花园，搞乱我们幸福家园的田地。我们要学会对这些杂草铲除和放弃。放弃不适合自己的职业、放弃异化扭曲自己的职位、放弃暴露你弱点缺陷的环境和工作、放弃实权虚名，放弃人事的纷争，放弃变了味的友谊，放弃失败的恋爱、放弃破裂的婚姻、放弃没有意义的交际应酬、放弃坏的情绪、放弃偏见恶习、放弃不必要的忙碌压力。

放弃得当，是对捆绑自己的背包的一次清理，丢掉那些不值得你带走的包袱，拿走拖累你的行李对象，你才可以简洁轻松地走自己的路。人生的旅行才会更加愉快，你才可以登得高、看得远，看到更美更多的人生风景。

不要为打翻的牛奶哭泣

生活中，我们经常可以看到，一些人因为自己做错了某件事，便终日陷在无尽的自责、哀怨和悔恨之中，这无疑是一种严重的精神消耗，只会令我们痛苦不堪。过去的已经过去，我们为过去哀伤、遗憾，除了劳心费神，于事无补。莎士比亚曾说："聪明的人永远不会坐在那里为他们的过错而悲伤，却会很高兴地去找出办法来弥补过错。"所以，我们没有必要整日缅怀过去的错误，既然过错已经发生，我们所需要的是从过错中总结经验得失，避免下一次再犯。

从前有一位武术大师，经过多年刻苦的练习，练就了一双迅猛无敌的快腿，令个个前来与他切磋武艺的人心服口服。可是，也许是天意捉弄人吧，命运似乎并不眷顾这位武林大师。有一次，他上山采药，不小心掉下了悬崖，虽然一条命捡了回来，但他的一双腿被摔断了！过去迅猛无敌的快腿，此时只留下一双空空的裤管。这对于一个以练武为喜好的人来说，无疑是一件残酷的事情。

不过，当这位武术大师从昏迷中清醒过来时，而是和往常一样，和大家聊聊家常，吃一些饭菜，然后开始修炼内功。看着这一切举动，弟子们个个都一脸茫然，有人还在担心师父是不是脑子摔坏了。大师对他们说道："我想让你们明白两件事情：第一，如果以后有人还想练腿脚功夫，我还是会和以前一样训练，只是不能亲自示范了；第二，从今天起，我要练习臂掌功夫，我相信自己不会因为失去双腿而变成废人，而你们也不会因为我失去双腿而放弃练武。"几年之后，这位大师又以掌上功夫而闻名于世，得到了更多人的敬仰。

大师的精神令人敬佩，正是因为有了这种精神，他才有了活下去的动力。如果他总是怀念过去的一切，那么有限的精力就会被无端浪费；如果他只会一味地悔恨，那么只会让自己困在死胡同里。

生活中，总会有一些意想不到的事情发生。当你面对一些不幸的打击时，要学会潇洒地挥一挥手，告别昨天。不要把宝贵的时间和精力浪费在悔恨、自责和羞愧上。这些负面情绪只会阻止你改变目前的生活状态，因为它们只会让你的意识停留在过去。

意识停留在过去的人，不可能积极地面对现在。因为人的大脑无法同时面对"过去"和"现在"这两个现实。生活是对意识的反映。如果你的意识只关心你做过或本来应该做什么，那么你的现在只会由气馁、焦虑和迷惑堆砌。

保罗博士是纽约市一所中学的老师，他曾给他的学生上过一堂难忘的课。这个班级的多数学生常常为过去的成绩感到不安。他们总是在交完考试卷后充满忧虑，担心自己不能及格，以至影响了下一阶段的学习。

有一天，保罗博士在实验室讲课，他先把一瓶牛奶放在桌子上，沉默不语。学生们不明白这瓶牛奶和所学课程有什么关系，只是静静地坐着，望着保罗博士。保罗博士忽然站了起来，一巴掌把那瓶牛奶打翻在水槽之中，同时大声喊了一句："不要为打翻了的牛奶而哭泣！"然后，他叫所有的学生围拢到水槽前仔细看那破碎的瓶子和淌着的牛奶。博士一字一句地说："你们仔细看一看，我希望你们永远记住这个道理。牛奶已经淌光了，不论你怎样后悔和抱怨，都没有办法取回一滴。你们要是事先想一想，加以预防，那瓶奶还可以保住，可是现在晚了，我们现在所能做到的，就是把它忘记，然后注意下一件事。"

保罗博士的表演，使学生学到了课本上从未有过的知识。许多年后，这些学生仍对这一课留有极为深刻的印象。

"不要为打翻了的牛奶而哭泣！"多么发人深省的话语。看似简单的一句话，却意义深刻，它其实是告诉我们一种对待错误、失误的心态——不要为自己的过失而苦恼。对过去的错误，有机会补救，就尽力补救；没有机会补救，就坚决将其丢到一边，不要陷在过去的泥沼里。否则会越陷越深，无力自拔，否则你将错失更多的东西。正如泰戈尔所言，如果你因为错过太阳而流泪，那么你也将错过月亮和星辰。

　　有一次，有位著名的禅师讲述了一个耐人寻味的小故事。

　　从前，有位施主背着一坛酒在路上走着。酒香飘溢，引着周围的人都跟了过来，都在赞叹这酒的香气。

　　突然，绳子断了，坛子掉在地上摔碎了，酒洒了一地，顿时酒的香气令周围的人们都如痴如醉，有的人竟然忍不住趴在地上喝了起来。可是那位施主却从始至终都没有回过头来瞧一眼，继续向前走。

　　有人追过来问了："你的酒坛碎了，你怎么都不回头看看呀？"

　　那位施主边走边说："既然已经碎了，又何必再回头呢！纵然回头，酒也不能恢复原状呀！"

　　禅师说："既然是发生了，又是不能改变的事实，就该像现在这位施主一样看得开。但感情可不是破碎了就一定不能复原的啊！改变能改变的，就像感情；接受不能改变的，就像摔碎了的美酒，要潇洒地面对不能改变的。"

　　生活中，有太多的变数，就像酒坛突然之间打翻了一样，事情一旦发生，就绝非是一个人的心境所能改变的。如果心里整天想着它，怎么也挥不去那个阴影，怎么也摆脱不了那种懊悔，为此反反复复孤枕难眠，这样就放大了痛苦，带给自己的将是更大更多的失误。

　　过去的事就让它过去吧，不要为打翻的牛奶哭泣，因为你已经无法去改变它了。但你要记住，以积极的态度来应付不幸之事会收到好的效果，只要你吸取教训，你便会从中获益。

敢于放弃，能使你得到更多

有这样一个故事：

在山间丛林中，一只老虎前来觅食。茂密的松林遮蔽了老虎的视线，它不知道此时猎人布置的陷阱就在附近。这时，老虎看到前方似有猎物出现，于是奋力追赶，忽然老虎的脚掌被一个铁圈钩住了。老虎想挣脱束缚，但是铁圈把它牢牢地固定在了原地。这时，手拿猎枪的猎人出现了，他一步步向老虎逼近，老虎似乎感觉到了死亡的预兆。眼看着就要端起猎枪的猎人，老虎不再犹豫，它用尽全身的力气，猛地挣脱了铁链。但是，老虎的脚掌留在了铁圈上。老虎忍痛离开了这个危机四伏的危险地带。

老虎断了一只脚自然是很痛苦的，但是因此而保存了性命，就是聪明的选择，所谓"断尾求生"。当人们面临艰难的抉择时，也应该像求生的老虎一样，果断地做出取舍，否则失去的不仅仅是一只脚掌，而是生命。所以说，在紧要或危急关头，能够生存或克服困难的，往往是那些具有坚决果断性格的人。

有舍才有得，放弃能使你得到更多。壮士断腕是不计较于一时的得与失，要从长远利益出发，顾全大局，保存实力，积蓄优势，提高胜算。

1928年夏天，美国银行家贾尼尼离开了纽约华尔街，回到家乡意大利米兰休养。

虽说是休养，但贾尼尼始终密切地关注着纽约华尔街的情况。

一天，贾尼尼突然被一条新闻惊呆了，这条刊登在头版头条的新闻是这样写的：贾尼尼的控股公司纽约意大利银行的股票暴跌50%，加利福尼亚州意大利银行的股票亦出现36%的跌幅。

贾尼尼大吃一惊，心急火燎地赶回加利福尼亚州的旧金山，并召开了紧急会议。他阴沉着脸火爆地大声质问自己的儿子玛利欧："股价如此暴跌，一定有人在背后捣鬼，到底是谁？"在一旁的律师吉姆·巴西加尔赶忙替玛利欧回答道："股价暴跌是由摩根的纽约联邦储备银行引起的，他们认为意大利银行涉嫌垄断，逼我们卖掉银行51%的股份。"

原来，意大利银行收购旧金山自由银行之后，金融巨头摩根怀疑贾尼尼野心勃勃要控制全美国的银行业，因此招来了联邦储备银行的干预。

面对这种情况，玛利欧主张卖出意大利银行的一部分资产，然后再买回公开上市的股票，从而使意大利银行由上市的公众持股公司变成不上市的内部持股公司脱离华尔街的股票市场。

其他的董事也都认为玛利欧所说的是目前唯一可行的办法，只有这样才能挽救意大利银行于倒悬。

但是，他们达到的一致意见遭到贾尼尼的强烈反对，他认为这一策略不无可取之处，但未免太消极。

大家都沉默了，用征询的目光看着贾尼尼，意思是说，你否决了我们的建议，难道你有什么更好的锦囊妙计吗？他们对贾尼尼善于出奇制胜的才能一点也不怀疑。

然而，贾尼尼却说出一番使大家更吃惊的话："再过两年我就进入花甲之年了，而且身体也渐渐支持不住了，我要辞去意大利银行总裁的职务。"

此话一出，令在场的人都大为吃惊。大家都痛苦地低下了头。因为他们都明白，贾尼尼是说到做到的人，是绝不会反悔的。

玛利欧却迫不及待地劝说："爸爸，我们焦急地盼望您回国，不是想听您说这句话的，您呕心沥血一手建造起来的意大利银行，如今正处于生死攸关的紧急关头，我们需要您带我们一起渡过这个难关！"

贾尼尼放声大笑起来，他挥动着拳头说："我决不会让意大利银行倒下的！"

大家的情绪立即激昂起来，他们心里明白，贾尼尼已经有了一个非常好的对策。他们都瞪大了眼睛盯着他。

贾尼尼接着说："不但如此，我还要设立一个比意大利银行大好几倍的控股公司！我之所以辞职，就是要以个人的身份去游说总统和财政部长，促使他们制定一条新的法令，使商业银行的全国分行网络合法化。"

玛利欧却泄气地说："等您说服他们颁布新法令，意大利银行早就完了！"

贾尼尼瞪了他一眼，似乎是责备儿子怎么这么没志气："当然，我去游说一方面是争取合法化，另一方面也是一条缓兵之计。我们不仅不能让意大利银行倒下，而且还要设立比意大利银行还大几倍的全国性的巨型控股公司，发展出一个以原始银行业务为支柱的民办最大的商业银行。"

贾尼尼这种高瞻远瞩的气魄，使大家都佩服得五体投地，对他的金蝉脱壳决策一致表示赞同。

于是，玛利欧等人很快就到德拉瓦注册成立了一家新公司——泛美股份有限公司，该公司的最大股东就是意大利银行。但由于它的股票分散在大量的小股东手里，因而外人很难再怀疑它有垄断嫌疑。

他们再以这家公司的名义，把别人控制下正在暴跌的意大利银行的股票低价买进，这样一来，便挫败了摩根等人欲置意大利银行于死地的阴谋。意大利银行不仅没有垮下，而且发展越来越壮大。后来它甚至还吞并了美洲银行，并将各分行全部改名为美国商业银行。

贾尼尼担任美国商业银行这个全美第一大商业银行的总裁，成为改写美国金融历史的巨人之一。

在这个案例中，贾尼尼果断放弃意大利银行总裁的职务，采取金蝉脱壳的办法，不但建立了新的公司，而且将公司不断发展壮大。可以说，贾尼尼深刻领悟舍得之道，以壮士断腕的勇气"大舍"，换来了公司发展的"大得"。

当面临危机时，我们应权衡利弊，当机立断舍弃小的利益。患得患失不仅无助于损失的挽回，反而只能使自己丢掉更大的利益。壮士断腕只是一时之痛，优柔寡断则会无休止地痛下去。

第二章　舍弃心中计较，学会宽以待人

有一种境界叫宽容

宽容对待人是一种美德，是一种修养，也是人生的真谛，你能容人，别人才能容你，这是生活的辩证法则。

宽容看起来是一件很矛盾的事，但是如果不宽容而去伤害只能导致冤冤相报的恶性循环，那么就会出现"冤冤相报何时了"的后果。同时，不肯宽容别人的人往往使自己吃苦，然而一旦宽恕别人之后，他们就会超越一次巨大的挫折———一种可以称之为再生的心灵净化过程。

当然，受到伤害的人必须有时间处理自己的愤怒，认清自己对整个事件所负的责任以及拒绝宽容会带来的后果，然后宽容后才能发挥最好的功效。

宽容不仅是爱心的表现，而且是极高思想境界的升华，宽容是一种博大的境界。表面上看，它只是一种放弃报复的决定，这种观点似乎有些消极，但真正的宽容是一种需要巨大精神力量支持的积极行为。

宽容得到的收益是人际关系的协调和适应。我国有一位著名的心理学家曾经说过："人类心理的适应，最主要的就是人际关系的适应，人类心理的病态，也主要由人际关系的失调而来。"而人际关系的失调对身体健康有极大的损害，所以必须学会宽容。

有一位成功的商人，他在总结一生的成功经验时，只说了一句话：严于律己，宽以待人。由此可见，宽容更是事业成功的保障。

美国总统林肯少年时期家里很穷，为了谋生，他曾在一家杂货店打工。有一次，一位顾客的钱包被另一位顾客拿走了，丢了钱包的顾客认为钱是在杂货店中丢失的，所以杂货店应当赔偿他的损失。两人说着说着便发生了争执。而杂货店的老板不问青红皂白就开除了林肯，老板气冲冲地走来，说："林肯，你太令我失望了，这是你的过错，我不得不开除你。因为你令顾客对我们店的服务很不满意，因此我们将失去很多赚钱的机会。我们应该学会宽恕顾客的错误，即使有错也不能与顾客发生争执，因为顾客就是我们的上帝。"

之后，林肯一直都不接受这位顾客的无理取闹并原谅了老板的不通情理。事隔很多年以后，做了总统的林肯却意味深长地说："我应该感谢杂货店的老板，是他让我明白了宽容是多么的重要。"

宽容是人与人之间交往的落脚点，它给人们留下了适当的空间，彼此之间能融洽相处。别人的语言和行为有时会在不经意中骚扰你的情绪，甚至伤害你的感情。于是，在心理上形成了一定的压力。倘若你以友好真诚的态度宽容对方，便给了他们自觉改正错误的时间与空间，这是鄙夷不屑、讽刺挖苦或蛮横态度所的达不到。同样，因为自己无意中给别人造成痛苦，也企盼得到别人的宽容，一旦得到谅解，我们就会在今后的工作与生活中积极避免失误。

　　宽容是一门学问，学会宽容的人，就学会了生活；懂得宽容的人，就懂得快乐！这门学问，是来自内心"慈悲喜舍、善良仁爱"的自然流露！

　　著名京剧表演艺术家梅兰芳先生是一位通情达理、善解人意的人，因此他受到许多人的尊敬，得到了白玉无瑕的美名。

　　抗战胜利后，在上海一家小报的广告中，出现了一条"艺人梅兰芳卖画"的字样，显然，是有人在冒充梅兰芳之名赚钱。对这种恶劣行为，梅兰芳的朋友们都十分气愤，纷纷准备去那家小报兴师问罪，并准备找出那个冒名者，狠狠教训他一通。

　　梅兰芳却劝阻了他们，他对朋友们说，这个冒名者想赚钱不假，但通过卖画来赚钱，想必也是有点本事的，估计也是个读书人，只不过命运不济罢了。

　　朋友们从侧面了解了一下冒名者的来历，果然同梅兰芳所预料的一样。

　　西班牙著名画家毕加索也经历过这样的事情。毕加索对冒充他作品的假画毫不在乎，从不追究，最多只是把伪造的签名除掉。有人不解地问他为什么这样，毕加索说："作假画的人不是穷画家就是老朋友，我是西班牙人，不能和老朋友为难，穷画家朋友们的日子也不好过。再说，那些鉴定真迹的专家们也要吃饭，那些假画使许多人有饭吃，而我也没有吃亏，为什么要追究呢？"

　　无疑，梅兰芳和毕加索都是宽容的人，因为他们的一点理解，几分慈悲，那几位穷苦的伪造画者才不至于走投无路。理解和宽容，使他们得到了人们更多的敬重。

宽容，不只是一种思想，更是一种可以实践的本质，因为它使每个人都具有的一种无限宽阔广大的"空性"本质。宽容，对人对己，都可成为一种无须投资便能获得的精神补品。学会宽容不仅有益于身心健康，且对赢得友谊、保证家庭和睦、婚姻美满，乃至事业的成功都是有帮助的。

由于好友威廉在林特公司的电脑上做了手脚，使林特损失了几十万美元。尽管林特委托律师将威廉送进了牢房，但他还觉得不够解恨，心中一直愤愤不平。

出狱后，威廉觉得对不起林特，几次打电话向林特道歉。林特一听是威廉的声音，不容分说便立刻将电话挂断。林特的妻子知道后，多次劝他应该宽宏大量，何况威廉是电脑专家，对他的生意很有帮助。

林特也觉得妻子的话很有道理，但还是没有办法原谅威廉。

一个多月过去了，林特总是处于这种矛盾中，一会儿觉得应该原谅威廉，他是个电脑专家，曾经帮助过自己；一会儿又想到，难道要原谅伤害过自己的人吗？不，不行。直到一位心理医生告诉他："你形成了一种心理障碍，这种障碍不仅会妨碍你与威廉的关系，还会妨碍你与他人的交往，你必须积极地清除它。"林特终于鼓起勇气，给威廉打了一个电话，告诉他明天可以到办公室见他。第二天，他们谈得很顺利，林特还决定再次聘请威廉到公司工作，他对威廉说："我相信你不会再辜负我。"

后来，威廉对林特的公司尽心尽责，公司的生意越来越红火，而他和林特的友谊也越来越牢固，两人成了知己。

在这个世界上，我们行自己的人生之路，纷纷攘攘，难免有碰撞，心地最和善的人也有伤害别人的时候。朋友背叛，父母偏心，上级刁难，同事搞鬼，甚至爱人离弃，都会使我们心灵受到伤害。如果凡事斤斤计较，争吵不休，甚至心怀恨意，长此以往，其结果是更深的伤害。

只要我们有海纳百川，有容乃大的气度，就会避免不必要的伤害。当我们学会换位，把重点放在宽容的时候，就会忽略其中的恶意和偏执。让自己放轻松，同时也给别人宽容。

欲成大事，必先有大气量

中国有句古话，叫作"量小非君子"。抛开成败得失不谈，一个人的气量是大是小，能够从根本上体现一个人的品质优劣。古今中外，凡是能成大事的人都具有一种优秀的品质，就是能容人所不能容，忍人所不能忍，善于求大同存小异，团结大多数人。

十六国时期，前秦符坚手下的重臣王猛曾率大军前去与前燕作战。开战前，徐成违背了军令，依法当斩。因徐成是邓羌的部下，所以邓羌出来说情，遭到王猛拒绝。邓羌一气之下与王猛反目为仇，要兴兵谋反，杀掉王猛。王猛问他为什么要谋反，邓羌说："我们一起出来与前燕作战，有人在内部自相残杀，所以我要除掉这个奸贼。"

王猛考虑到大敌当前，应以大局为重，便容忍了邓羌这种犯上作乱的行为。不仅赦免了徐成，而且为了团结邓羌，还故意说了些恭维他的话："我并非真的要杀徐成，只是试试将军。将军对自己的部下如此讲义气，何况对国家呢！这样，我就不怕前燕的军队了。"

其后，战争进行到白热化的阶段，王猛要调动邓羌的军队前去应敌。在这关键时刻，邓羌却向他提出打败燕军后要让他出任司隶校尉的无理要求。王猛很为难，回答说："这不是我可以决定得了的。"王猛说的是实情，可是邓羌竟然按兵不动，并以此相要挟。王猛再次从全局出发容忍了邓羌，亲自向邓羌赔礼道歉，答应了他的无理要求。邓羌这才带着人马出战，一举歼灭了前燕的军队。

后人评论此事说："邓羌请郡将以挠法，徇私也；勒兵欲攻王猛，无上也；临战豫求司隶，邀君也。有此三者，罪莫大焉！猛能容其所短，收其所长，若驯猛虎、驭悍马，以成大功。"这段评论非常中肯，深刻说明了王猛在关键时刻能够"容其所短"而"收其所长"。假如王猛只是就事论事，一怒之下杀了邓羌，当然在道理上讲也是站得住的，但是如果从全局利弊短长的角度来考虑，就不如"姑且容忍"更高明了。也正因如此，在大敌当前的严重时刻，王猛维护了自己内部的团结、统一，才顺利地完成了彻底消灭前燕、俘虏前燕君主的大业。

人非圣贤，孰能无过。与人相处就要相互谅解，经常以"难得糊涂"自勉，求大同存小异，有度量、能容人，你就会有许多朋友，且左右逢源，诸事遂愿；相反，斤斤计较，认死理，过分挑剔，容不得人，人家就会躲你远远的。最后，你只能关起门来"称孤道寡"，成为使人避之唯恐不及的异己之徒。

　　元代著名文学家张养浩在《牧民忠告》中说："同官有过，不至害政，宜为包容。"这句话的意思是说：在一起共事的人有了过错，如果没有达到损害政事的程度，应予以宽容。

　　清朝的康熙皇帝是一个待人非常宽厚的皇帝，有一次，他向大臣表示想要起用黄宗羲。黄宗羲是明末清初的思想家、地理学家、史学家、教育家，清军入关后，黄宗羲曾经召集很多人组成了反清的"世忠营"，与清朝斗争达数年之久。

　　康熙之所以想要任用黄宗羲，就是因为他敬佩他的才学。然而大臣们听到康熙的这个决定后都极力反对，觉得黄宗羲是反清逆贼，这样的人怎么能让他来为大清效力呢！

　　康熙听取了大臣们的反对意见后，说："黄宗羲这样的做法是一种忠烈的表现，是非常难能可贵的！"大臣们见皇上不仅不责怪黄宗羲，反而表示出对他的赞赏，都为皇帝的大度所震慑。

　　有一次，康熙在巡视西安时召见著名的学者李颙，李颙是个有气节的人，他觉得自己是明朝的人，所以不想去见康熙，就让自己的儿子带话给康熙，说自己年迈多病，不便见康熙。康熙知道李颙的意思，但是他并没有怠慢李颙的儿子，他对李颙的儿子说："人最可贵的就是气节了，你父亲是一个喜欢读书且有志气的人，我特意把一块匾额赐给他。"于是，他就把一块写着"志操高洁"的匾额赐给了李颙的儿子。康熙这种宽宏的度量，一时被百姓传为佳话。

　　宽容是一种豁达的人生态度，一种深厚的性情修养，它会产生强大的感染力和凝聚力，可以化干戈为玉帛，化戾气为祥和，增进人的相互理解，使各种各样的人都能成为你的朋友，团结在你周围。

宽容确实是一门精深的艺术，只有领略到了其中的滋味，行宽容他人之举，心留容人之地，真正地拥有那份广阔的心胸，你也就在别人心中占有了一席之地。

春秋时期，秦国与晋国在中原地区争霸，数十年间，双雄战事不断，互有胜负。有一年，秦穆公和晋惠公各自亲率大军，在韩原地方交战。结果晋国打了败仗，惠公仓皇逃命，却不料坐骑陷足于泥泞之中，不能行走。穆公及麾下将士见状，飞似的追赶上去，想要擒掳惠公。可是还没追上，晋国的军队就重重地包围了过来，反而把秦穆公给困住了。晋军见机发动猛烈攻势，并把秦军阻挡在外围，切断救援。眼看穆公就快被晋军击杀了，秦军却是一筹莫展。就在生死存亡之际，秦国阵中冲出一小支队伍，向晋军直撞了过去。只见他们个个奋不顾身、拼死冲锋，终于把晋军的包围网突破了一个缺口，救出了穆公。其他秦军见机不可失，趁此如虹气势，乘胜追击，杀得晋国溃不成军，反而将晋惠公给俘虏了。

原来在开战之前，秦穆公有一匹很好的马逃脱，跑到岐山附近。当地居民不知道这匹马的来历，捕获之后，便将他煮熟吃了。当时一起分享这匹好马的，一共有三百多人。负责马政的官吏追踪这匹好马的下落，发现是被岐山的居民吃掉的。于是把吃过马肉的三百多人全都捉了起来，送到朝廷。穆公知道这件事后，便说："仁人君子，不可为了牲畜的事情，却杀害了人的性命。我曾经听说，吃了好马的肉，一定要饮酒，否则有伤身体。"便命人将他们放回，并各赐一瓶酒，赦免他们偷吃马的罪责。

这三百多人原以为会获罪受惩，没想到穆公竟不加追究，非但赦免了他们，还多加体恤，赐予美酒。众人无不喜出望外，感怀穆公恩德，当听说秦国要去攻打晋国的时候，便一同投身军旅，为国效命。后来在战场上，正遭逢穆公危急窘迫，生死一线的危急关头，三百多条好汉便死力救驾，以报其赦罪之德。

没想到，正由于这三百多人的奋战，穆公捡回了一条命，也让秦国生擒了晋君，大获全胜。

所以说，做人，必须有大气量。人生在世，无论你干什么，如果没有气量或缺乏气量，其结果只能是碌碌无为的平庸一生。凡是有大成就的成功者，都与他们的气量息息相关，这是不争的事实，无须赘述。气量，它能使人性情豪迈，不会为一些小事去伤脑筋，不会为一时的挫折而心灰意懒，不会无中生有地去猜忌别人。气量，它能使人宽厚仁慈，会让你换位思考问题，包容他人的缺点，对人对事抱着一颗真诚仁慈的心。总之一句话，只要有足够的气量，你就会获得成功。

与人为善，宽容待人

人与人之间常常因为一些彼此无法释怀的坚持，而造成永远的伤害。如果我们都能从自己做起，开始包容地看待他人，就能让自己活得更自在、更轻松。别忘了，帮别人开启一扇窗，也会让自己看到更完整的天空。

宽容体现了一个人的素养与气度，表现了人的思想水平。一个拥有智慧的人，才会在心中留出一片天地给别人。当你学会宽容别人时，就是学会宽容自己，给别人一个改过的机会，就是给自己一个更广阔的空间！

小提琴演奏家艾德蒙先生曾经历了这样一件事。有一天，当他走进家门的时候，突然听到楼上卧室里传来了小提琴的声音。

"有小偷！"艾德蒙先生马上反应过来，急忙冲上楼。果然，一个大约13岁的陌生少年正在那里摆弄小提琴。他头发蓬乱，脸庞瘦削，不合身的外套里面好像塞了某些东西。他被艾德蒙先生抓了个正着。

那少年见了艾德蒙先生，眼里充满了惶恐、胆怯和绝望，那是一种非常熟悉的眼神，刹那间，艾德蒙先生的心柔软了下来。愤怒的表情顿时被微笑所代替，他问道："你是丹尼斯先生的外甥琼吗？我是他的管家。前两天，丹尼斯先生说你要来，没想到来得这么快！"那个少年先是一愣，但很快就回应说："我舅舅出门了吗？我想先出去转转，待会儿再回来。"艾德蒙先生点点头，然后问那位正准备将小提琴放下的少年："你也喜欢拉小提琴吗？""是的，但拉得不好。"少年回答。

"那为什么不拿着琴去练习一下？我想丹尼斯先生一定很高兴听到你的琴声。"他语气平缓地说。少年疑惑地望了他一眼，还是拿起了小提琴。

临出客厅时，少年突然看见墙上挂着一张艾德蒙先生在歌德大剧院演出的巨幅彩照，身体猛然抖了一下，然后头也不回地跑远了。

艾德蒙先生确信那位少年已经明白是怎么回事，因为没有哪一位主人会用管家的照片来装饰客厅。

那天黄昏，回到家的艾德蒙太太察觉到异常，忍不住问道："亲爱的，你心爱的小提琴坏了吗？"

"哦，没有，我把它送人了。"艾德蒙先生缓缓地说道。

"送人？怎么可能！你把它当成了你生命中不可缺少的一部分。"艾德蒙太太有些不相信。

"亲爱的，你说得没错。但如果它能够拯救一个迷途的灵魂，我情愿这样做。"见妻子并不明白他说的话，他就将经过告诉了她，然后问道："你觉得这么做有什么不对吗？""你是对的，希望你的行为真的能对这个孩子有所帮助。"妻子说。

三年后，在一次音乐大赛中，艾德蒙先生应邀担任决赛评委。最后，一位叫里奇的小提琴选手凭借雄厚的实力夺得了第一名。颁奖大会结束后，里奇拿着一只小提琴匣子跑到艾德蒙先生的面前，脸色绯红地问："艾德蒙先生，您还认识我吗？"艾德蒙先生摇摇头。"您曾经送过我一把小提琴，我珍藏着，一直到了今天！"里奇热泪盈眶地说，"那时候，几乎每一个人都把我当成垃圾，我也以为自己彻底完了，但是您让我在贫穷和苦难中重新拾起了自尊，心中再次燃起了改变逆境的熊熊烈火！今天，我可以无愧地将这把小提琴还给您了……"

里奇含泪打开琴匣，艾德蒙先生一眼瞥见自己那把心爱的小提琴正静静地躺在里面。他走上前紧紧地搂住了里奇，三年前的那一幕顿时重现在艾德蒙先生的眼前，原来他就是"丹尼斯先生的外甥琼"！艾德蒙先生眼睛湿润了，少年没有让他失望。

因为宽容，艾德蒙先生成就了一个音乐奇才。

宽容是为人处世的准则。一个宽宏大量、与人为善、宽容待人、能主动为他人着想和帮助别人的人，一定会讨人喜欢，被人接纳，受人尊重，具有魅力，因而能够更多地体验成功的喜悦。而一个以敌视的眼光看人，对周围的人戒备森严，心胸狭窄，处处提防，不能宽大为怀的人，必然会因孤独而陷于忧郁和痛苦之中。

所以说，一个心胸宽阔，善于宽厚待人，容忍别人缺点的人，才能收服人心，成就人格魅力。这也是每个人应该有的处世准则。

宽容是一种人性的升华

宽容是智者的境界。越是睿智的人，越是胸怀宽广，大度能容。穆尼尔·纳素夫说："一个宽宏大量的人，他的爱心往往多于怨恨，他乐观愉快、豁达、忍让而不悲伤、消沉、焦躁、恼怒；他对自己伴侣和亲友的不足处，以爱心劝慰，晓之以理，动之以情，使听者动心、敬佩、遵从，这样，他们之间就不会存在感情上的隔阂、行动上的对立、心理上的怨恨。"

我们要以宽容之心看待人生。当别人不小心犯了错误，在他的内心深处，总是渴望得到我们的宽容。因为宽容能使对方的心理得到安慰，不会再为一些错事整天坐立不安，心情会一天一天地好起来。

一个周五的早晨，格兰的礼品店依旧开业很早。格兰静静地坐在柜台后边，欣赏着礼品店里各式各样的礼品和鲜花。

忽然，礼品店的门被推开了，走进来一位年轻人。他的脸色显得很阴沉，眼睛浏览着礼品店里的礼品和鲜花，最终将视线固定在一个精致的水晶乌龟上面。"先生，请问您想买这件礼品吗？"格兰亲切地问。可是，年轻人的眼光依旧很冰冷。"这件礼品多少钱？"年轻人问一句。"50元。"格兰回答道。年轻人听格兰说完后，伸手掏出50元钱甩在柜台上。格兰很奇怪，自从礼品店开业以来，她还从没遇到这样豪爽、慷慨的买主呢。

"先生，您想将这个礼品送给谁呢？"格兰试探地问了一句。

"送给我的新娘，我们明天就要结婚了。"年轻人依旧面色冰冷地回答着。

格兰心里咯噔一下：什么，要送一只乌龟给自己的新娘，那岂不是要给自己的婚姻安上一颗定时炸弹？格兰深深地想了一会，对年轻人说："先生，这件礼品一定要好好包装一下，才会给你的新娘带来更大的惊喜。可是今天这里没有包装盒了，请您明天再来取好吗？我一定会利用今天晚上为您赶制一个新的、漂亮的礼品盒……"

"谢谢你！"年轻人说完转身走了。

第二天清晨，年轻人早早地来到了礼品店，取走了格兰为他赶制的精致的礼品盒。年轻人匆匆地来到了结婚礼堂——新郎不是他而是另外一个年轻人！年轻人快步跑到新娘跟前，双手将精致的礼品盒捧给新娘。之后，转身迅速地地跑回了自己的家中，焦急地等待着新娘愤怒与责怪的电话。在等待中，他的泪水扑簌簌地流了下来，有些后悔自己不该这样去做。

傍晚，刚刚结束婚礼的新娘便给他打来了电话："谢谢你，谢谢你送我对水晶天鹅，谢谢你终于能明白一切了，能原谅我了……"电话的一边新娘高兴而感激地说着。年轻人万分疑惑，什么也没说，便挂断了电话。但他似乎又明白了什么，迅速地跑到了格兰的礼品店。推开门，他惊奇地发现，在礼品店的橱窗里依旧静静地躺着那只精致的水晶乌龟！

　　一切都已经明白了，年轻人静静地望着眼前的格兰，而格兰依旧静静地坐在柜台后边，冲着年轻人轻轻地微笑了一下。年轻人冰冷的面孔终于在这一瞬间被改变成一种感激与尊敬："谢谢你，谢谢你，你让我又找回了我自己。"

　　送人一轮明月，我们的心中也会沐浴月光，这就是宽容。

　　宽容之于爱，正如和风之于春日，阳光之于冬天，它是人类灵魂里美丽的风景。有了博大的胸怀和宽容一切的心灵，宽容自然会散发出浓浓的醇香。宽容能使你活得轻松，使你的生活更加快乐。

　　在大千世界的众生相中，人是最为复杂的了。俗话说得好，一种米食万种人。凡人有凡人的性情，温和的、急躁的、爽快的、多愁善感的、冷峻漠然的、薄情寡义的、博爱至诚的……凡此种种，不尽列举。但对于处世和生活而言，无论每个人的个性如何、性情怎样，要想生活得快乐和谐，就必须修炼自己宽容的性情。

　　懂得宽容别人，自己的性情也有了转折的余地，从而在生活的各种境况里，无论遭遇什么样的人和事，都不至于怒发冲冠、牢骚满腹、委屈痛苦、郁气中滞。对别人是这样，对己亦然。我们每个人的一生，大多是有顺境也有逆境，在这虽然短暂的旅途中，难免会跌倒，但是，我们必须学会如何对待跌倒。遇到失败和灾难，必须懂得接纳它，也就是说在逆境中，要懂得自己释怀。当我们把失意、抱怨、委屈、愤怒放下时，我们即刻又勇敢高兴地站了起来。就在我们放下的这一刹那，会得到一种新的体悟，同时心灵与智慧也会得到自由与成长。

假如我们每个人都能以宽容、达观和敦厚的心，去生活处世，那便会拥有宽广的心理生活空间，任自己遨游，就会生活得很自在。

放开心胸，多一点宽容

在生活中，人际交往是不可避免的。由于人与人之间的个性各不相同，生活环境与阅历各不相同，形成了不同的处事风格。有的人和善，有的人尖刻，有的人性急，有的人拖拉；有的人沉着，有的人暴躁……正是不同性格的人生活在一起，才组成了多姿多彩的世界。不同性格的人生活在一起，不可避免地会产生一些摩擦、纠纷甚至是矛盾，因此，我们应该养成宽容、豁达、乐观的性格。

宽容是一面镜子，它可以随时照出人的胸怀。得理不饶人、睚眦必报的人只会照出其狭隘的一面；只有胸怀宽广、心地坦荡地对人，镜子里才会有万朵莲花为你绽放。

北宋有个叫韩琦的人，曾经同范仲淹一道推行新政，北宋时长期担任宰相职务。他在战场上从来不妥协退让，抵御西夏时曾有"军中有一韩，敌人听了就胆寒"的威名。但在为人处世上，他却能做到"君子忍人所不能忍，容人所不能容"。

有一年，他与同僚王拱辰、叶定基等人在开封府主持科举考试，王、叶二人经常为考生卷子的优劣争得面红耳赤，韩琦生性好静并不恼火，只是听而不闻，视而不见，坐在桌前专心判卷。

没想到人不找事儿，事儿找人，王拱辰气韩琦不帮自己说话，跑过来对韩琦嚷道："我说你在这里练习气度哪？"

韩琦听了这带刺的话，不但不生气，反而赶紧好言好语地赔不是说："实在抱歉，不知你们在争论什么事啊。"

同处一室，二人大声争吵，韩琦不可能没听到。但是当二人都吵得像红了冠子的公鸡时，你该向着哪一方？你说谁的不是谁都不高兴。这不，韩琦还没有张嘴，王拱辰已经跳来向他吹胡子瞪眼了。出人意料的是，韩琦居然给闹事者赔了不是。这样一来，王拱辰就无话可说了。

韩琦在定武统帅部队时，夜间伏案办公，一名侍卫拿着蜡烛为他照明，那个侍卫不小心一走神儿，蜡烛烧了韩琦鬓角的头发，韩琦没有说什么，只是急忙用袖子蹭了蹭，又低头写字。过了一会儿一回头，发现拿蜡烛的侍卫换人了，韩琦怕主管侍卫的长官鞭打那个侍卫，就赶快把他们召唤来，当着他们的面说："不要替换他，因为他已经懂得怎样拿蜡烛了。"军中的将士们知道此事后，无不感动佩服。按理说，侍卫拿蜡烛照明不全神贯注，把统帅的头发烧了，本身就是失职，韩琦责备一句也是应该的，即使不责备，挨烧时"哎呀"一声也难免。可他不但忍着疼没吱声，发现侍卫换人了还怕侍卫受到鞭打责罚，极力替他开脱。他这种容忍比批评和责罚更能让士兵改正缺点，尽职尽责。

韩琦镇守大名府时，有人献给他两对出土的玉杯，这两对玉杯表里毫无瑕疵，是稀世珍宝。韩琦非常珍爱，送给献宝人许多银子。每次大宴宾客时，总是专设一桌，铺上锦缎，将那两对玉杯放在上面使用。结果有一次在劝酒时，被一个官吏不小心碰到地上摔个粉碎。在座的官员惊呆了，碰坏了玉杯的官吏也吓傻了，趴在地上请求治罪，可韩琦却毫不动容，笑着对宾客说："在凡宝物，是成是毁，都有一定的时数的，该有时它就出来了，该坏时谁也保不住。"说完又转过脸对趴在地上的官吏说："你偶然手误，并非故意的，有什么罪呢？"这番话说得十分精彩！玉杯已经打碎，无论怎样也不能复原，叱骂、责打一顿肇事者吧，陡然多了一个仇人，众位宾客也会十分尴尬，好端端一场聚会便不欢而散，也会有损自己的形象。而他此言一出，立刻博得了众人的赞叹，而肇事者对他的宽容更是感激涕零。

元代吴亮在谈到韩琦时说："韩琦器量过人，生性淳朴厚道，虽然功劳天下无人能比，官位升到臣子的顶端，但不见他沾沾自喜；他所担任的责任重大，经常在官场的不测之祸中周旋，也不见他忧心忡忡。不管什么情况下，他都能做到泰然处之，不被别的事物牵着走，一生不弄虚作假。在处事上，被重用时，就立于朝廷与士大夫们公平议事；不被重用时，就回家享受天伦之乐，一切出自真诚。"韩琦一生处于危险之地，而又一直立于不败之地。这是为什么呢？还是用他自己的话来回答吧："天下之事，没有完全尽如人意的。一定要学会忍。不这样，连一天也过不下去。"即使是"君子和小人在一起时，也要以诚相待，只不过知道他是小人，就同他少来往罢了。"这就是韩琦处事高人一筹的秘密。

宽容所至，能化干戈为玉帛，仇恨的乌云也会被一片祥和之光所驱散，澄明而辽阔，蔚蓝如洗。

　　彼此都以宽容之心真诚相对，世界就会变得更精彩。宽容，不论对人对己来说，都会成为一种无须投资便能大把收藏的精神财富，学会宽容不仅有益于个人身心健康，而且对保持家庭和睦、幸福，人际关系良好，事业、前途的光明都有极大的帮助。因此，在日常生活中，我们要努力修炼自己，不管是对人还是对事，都需要有一颗包容、忍耐的心，宽容失败，宽容流言，宽容冷漠……

　　与人相处时，若能有一个博大的胸怀，就会让世间少一些摩擦和磕碰，多一些和谐与平静。宽容之心是一颗智慧之心！

第三章　舍弃烦恼与邪念，
种一棵"忘忧草"

舍弃心中的忌妒，保持心态的平和

忌妒是一种普遍的社会心理现象，是人类的一种普遍的情绪。它指的是自己以外的人获得了比自己更为优越的地位、荣誉，或是比自己宝贵的物质，钟情的人被别人掠取或将被掠取时而产生的情感。它有一个重大的特征就是"指向性"，即忌妒是有条件的，是在一定的范围内产生的，指向一定的对象。也就是说，不是任何人在某些方面超过自己都会产生忌妒心理，超过自己太多的人只会让我们羡慕而不会忌妒。

在现代社会激烈的竞争当中，有人成功，就必然有人失败。失败之后所产生的由羞愧、愤怒和怨恨等组成的复杂情感就是忌妒。

孙伟是某大学社会学专业大三的学生，他是以优异的成绩考入这所名牌大学的。刚上大学时，他与班上同学的关系非常融洽，这当然与他的热情大方、乐于助人的性格分不开。同学们都喜欢朴素、热情的他。

可慢慢地，他产生了严重的不平衡心理。只要别的同学哪方面比他强，他就眼红；只要老师在同学面前表扬别的同学，他心里就酸溜溜的；他看见别的同学家境很好，不用勤工俭学就能过上很宽裕的生活，他心里就特别不平衡，时常怨恨自己没有生在一个富裕的家庭；他看见别的同学得了奖学金或被评为"三好学生"，就忌妒得夜里辗转反侧，暗暗埋怨上天的不公。

孙伟尤其看不惯与他来自同一所高中的一位老乡。原来两个人在高中时各方面都不相上下，上大学后，这个老乡的成绩越来越好，而且被选为班干部，他就更加忌妒了。于是他的注意力不在读书学习上，而是时刻注视着老乡的一举一动，妄图从中抓住把柄，他开始到处给那位老乡散布流言蜚语，造谣中伤，大家都开始讨厌他。他为了争口气，把老乡比下去，在竞选班干部时竟然不知羞耻地在下面做小动作、拉选票，结果他的"小算盘"被同学们识破，唱票时只有他自己投了自己一票，搞得十分狼狈。一计不成他又生一计，在期末考试中，他知道凭自己的水平是拿不了高分的，于是，他就采用夹带纸条的方式作弊。在最先的两门考试中，他的计谋得逞了。正当他自鸣得意、觉得胜利在望时，在第三门考试中被监考老师抓个正着。老师说："我早就注意你了，以为你会有所收敛，没想到你一而再、再而三地作弊。我再也不能容忍你的作弊行为了。"孙伟当下便痛哭流涕地求监考老师手下留情，可是学校的制度是无情的，孙伟的名字上了作弊的名单。当天，学校教务处就做出了开除其学籍的处分决定。

孙伟没想到自己的大学生活会以被开除告终。他觉得无颜面对自己的父母。于是，他一个人背着行囊去了另外一个陌生的城市，开始了流浪生涯。

忌妒的毒火烧毁了孙伟的良知，让他迷失了本性，多次做出害人害己的蠢事；忌妒更毁了他的前程，也许他将不得不用一生的坎坷来为忌妒付出代价。

培根说："每一个埋头沉入自己事业的人，是没有工夫去忌妒别人的。"换言之，凡是产生忌妒心理和行为的人，是没有把心思埋头沉入自己事业的人。

美国汽车大王福特家族经历77年，在福特三世的手里画上了句号。福特三世是一个妒心极重、说一不二、喜怒无常的人。福特公司易手家族以外的人，就与他的为人有极大的关系。

1978年7月13日，在福特汽车公司工作了32年、当了8年总裁的艾柯卡被解雇了。这一事件在美国企业界里引起了轩然大波。各地的报刊纷纷报道并发表评论，认为这怎么可能呢？艾柯卡是一位高才，在福特公司总裁的位置上干了8年，为公司净挣35亿美元，福特为什么要赶走这样一位功臣呢？

原来福特这个人唯我独尊，心胸狭窄。艾柯卡功勋卓著，在公司内外获得一片赞扬声。艾柯卡干得越好，福特的妒火越旺。对艾柯卡深信的每一件事，福特都竭力攻击。当艾柯卡在数千里之外的时候，福特趁机召开会议，否定艾柯卡的计划。

福特三世赶走了艾柯卡，并没有使艾柯卡损失什么，是金子到哪里都能闪光，是人才到哪里都能大展宏图。艾柯卡被赶走以后，接任了克莱斯勒汽车公司的总裁，使濒于倒闭的克莱斯勒汽车公司重振雄风。

　　福特三世忌妒艾柯卡，受损失的反而是福特三世。当时，《纽约时报》、哥伦比亚广播公司、《汽车新闻》《华盛顿邮报》《华尔街日报》等几十家报刊电台、都站出来为艾柯卡打抱不平，讥笑福特三世是"妄自尊大的老头"，是"60岁的老少年"。报业托拉斯专栏作家在高度评论艾柯卡的人品和业绩以后，含沙射影地指责福特三世，最后感慨地问道："如果像艾柯卡这样的人的饭碗还不牢靠，你的饭碗牢靠吗？"当福特三世狭窄的心胸暴露在光天化日之下时，没有人才愿意和他接近。福特三世赶走了艾柯卡，大大减少了自己的力量，增强了对手的力量，5年以后公司就易手了家族以外的人。

　　忌妒是万恶的根源，是美德的窃贼。越是忌妒别人，就越容易消磨自己的斗志和锐气，越会陷入无止境的叹息中，使自己的人生之舟搁浅在嫉贤妒能的荒滩上。

　　在生活中，当你发现你正隐隐地忌妒一个各方面都比自己能干的人的时候，你不妨反省一下自己是否在某些方面有所欠缺。在你得出明确的结论后，你会大受启发。你不妨就借忌妒心理的强烈超越意识去发奋努力，升华这种忌妒之情，以此建立强大的自意识来增强竞争的信心。这样，不但可以克服自己的忌妒心理，而且可使自己免受或少受忌妒的伤害，同时还可以取得事业上的成功，又可感受到生活带给你的愉悦。

放下虚荣，得到心灵的安宁

心理学上认为，虚荣心是自尊心的过分表现，是为了取得荣誉和引起普遍注意而表现出来的一种不正常的社会情感。

受虚荣心驱使的人，只追求表面上的荣耀，不顾实际条件去求得虚假的荣誉。有人说虚荣心是一种扭曲的自尊心，"死要面子""打肿脸充胖子"，这就是对虚荣心的生动描述。

法国著名作家莫泊桑在短篇小说《项链》里，讲了一个贪图虚荣吃苦头的典型事例。教育部职员罗瓦赛尔的妻子玛蒂尔德，为了参加教育部长举办的晚会，向女友借了一串钻石项链戴上。在晚会上，她的姿色和打扮显得十分出众，她觉得这是"一种成功""一份荣耀"。回家后却发现项链不翼而飞。在遍寻无着的情况下，只好赔偿。夫妇俩东借西凑36000法郎买了同样一串项链还给物主。当夫妻俩把项链还给女友时，他们得知，所借的项链原是一串假钻石项链。

有时，人们为了自己可怜的虚荣心，通过炫耀、显示、卖弄等不正当的手段来获取荣誉与地位，但结果往往是弄巧成拙。虚荣心强的人往往是华而不实的浮躁之人。法国哲学家柏格森说：一切恶行都围绕虚荣心而生，都不过是满足虚荣心的手段。他的话虽然未必全对，但至少反映了相当一部分真实的生活。

　　雅鑫原来是县城里一个十分优秀的中学英语教师，深得领导的器重和学生的爱戴。可是，在这个物欲横流的社会，雅鑫每每看到周围的朋友一个比一个风光，就感觉心里不是滋味。最后实在是经受不起金钱和物质的诱惑，辞职去了一家外企公司，开始了她的白领生涯，也由此走进了错误的第一步。她说："走出了这一步，我失去了太多，做人的尊严、内心永远的不安宁，甚至最为珍贵的纯洁的感情。"

　　进了外企之后，雅鑫的收入明显地比以前多了好多，可是和其他女孩子相比，却仍是小巫见大巫。尤其是面对老板情人的趾高气扬，雅鑫心里就不是滋味：她一没有我漂亮，二没有我的学历高，凭什么就过着我辛辛苦苦工作也赚不来的优越生活？

　　后来她知道一起住的一个女友经常去酒吧、夜店这样的场所，挣来很多外快，禁不住诱惑也就去了。可以说，那个地方向来是城市的一个暗角，里面有各种各样的人物。结果一次不小心她竟然接触到了一伙毒贩子，但是极大的虚荣心促使她去贩毒。后来，抓获归案，她终于明白，是虚荣心害了她。

　　可见，虚荣是人生的一记暗伤。轻者，累及一时；重者，痛苦一生。太爱慕虚荣，不是自己为自己增光，而是自己给自己添累。人生的痛苦大都是为了无意义的虚荣而遭受了太多的苦难。为何不放下虚荣心，痛痛快快地活着呢？

世上本无事，庸人自扰之

世上之人，没有可以摆脱七情六欲和喜怒哀乐的。因此，烦恼是最正常不过的一种情绪，每个人都曾有过烦恼或正在经历烦恼。但是，由于每个人对待烦恼的态度不同，所以烦恼对人的影响也不同。事实上，经常陷入烦恼，被烦恼折磨得不堪重负的人都是乐于自寻烦恼之人。生活中，我们可以寻找甜蜜的爱情，可以寻找美好的生活，但绝不可以自寻烦恼。

有这样一个有趣的小故事：

一个小孩问一位胡子很长的老人："老爷爷，您睡觉的时候是把您这花白的长胡子放在被子外还是放在被子里？"这个问题把老人问住了，因为他从来不曾留意自己的胡子到底是怎么放的。

晚上到了睡觉时，老人突然想起小孩子问他的话。他先把胡子放在被子外面，感觉很不舒服；又把胡子放在被子里面，仍觉得很难受。

就这样，老人一会儿把胡子拿出来，一会儿又把胡子放进去，整整一个晚上，他始终想不出来，过去睡觉的时候，胡子是怎么放的。

第二天，老人见到那个小孩，生气地说："都怪你这小孩，让我一晚上没睡成觉！"

其实，胡子放在哪里，还不是一样要睡觉，一切顺其自然，就不会有太多的烦恼。很多时候，人总是用无形的枷锁将自己锁住，烦恼自由心生。无穷无尽的烦恼，仔细想想，都是由于太过于执着和较真而造成的。

有两个穷人一起赶路，边走边聊天。其中一个人说："兄弟，咱俩这么穷，要是能拾到一笔钱该多好啊！喂，你说，要真拾到钱，咱俩该怎么办？"另一个人说："怎么办，那还用说，见面分一半，咱俩一人一半。""你说得不对，"第一个人说，"钱这东西，谁拾到就是谁的，凭什么我要分你一半呢？""咱俩一块儿出门赶路，一起看到的，一起拾到的钱，难道你还要独吞不成？真是个守财奴，不够朋友。不够朋友的人其实就是衣冠禽兽。"另外一个越说越激动。"你说谁呢？衣冠禽兽？你再说一遍！""说就说，我怕你呀，衣冠禽兽！"

话音未落，两人就扭打在了一块，你一拳我一脚，谁也不让谁，打得不可开交。这时从对面走过来一位老大爷，见状上前拉架。二人还是不肯住手，嘴里还在不停地叫骂。老大爷好不容易弄明白了原因，不禁哈哈大笑地说："我还以为真拾到钱了，还没拾到就打得鼻青脸肿啊！"

两人这时才回过神，跟同伴打了半天，其实啥都没拾到，耽误了赶路不说，衣服弄脏弄破了，而且搞得鼻青脸肿的，这是何苦呢？

这两个人正是自寻烦恼者的典型表现。在生活中，我们常常会遇见各种烦恼，而这些烦恼就如同心中的枷锁一般，多数都是自己给自己锁上的。事实上，只要我们心中明朗，那把锁就永远不会锁上，我们又何必自寻烦恼，给自己的内心上锁呢？

正所谓：世上本无事，庸人自扰之。生活中，很多人往往会自寻烦恼，自己给自己套上枷锁，从而搞得自己疲惫不堪。所以，我们应该学会解除这些束缚，给自己减压，从而让自己活得轻松、活得快乐。

遗忘烦恼，获得心灵的永恒

人的一生中不可能没有挫折、坎坷，甚至还会发生某些不幸。但是一个人决不能因此而过度沉湎于这类坎坷回忆之中，或在悲伤中不能自拔。只有学会遗忘，换一个角度看社会，失望就会变成乐趣，抑郁就会升华为欢悦。

一艘游轮正在地中海蓝色的水面上航行，上面有许多正在度假中的已婚夫妇，也有不少单身的未婚男女穿梭其间，个个兴高采烈。其中，有位明朗、和悦的单身女性，大约60岁，也随着音乐陶然自乐。这位上了年纪的单身妇人，也曾遭丧夫之痛，但她能把自己的哀伤抛开，毅然开始自己的新生活，重新展开生命的第二度春天，这是她经过深思之后所做的决定。

她的丈夫曾是她生活的重心，也是她最为关爱的人，但这一切全都过去了。幸好她一直有个嗜好——画画。她十分喜欢水彩画，现在更成了她精神的寄托。她忙着作画，哀伤的情绪逐渐平息。而且由于努力作画的结果，她开创了自己的事业，使自己的经济能完全独立。

有一段时间，她很难和人群打成一片，或把自己的想法和感觉说出来。因为长久以来，丈夫一直是她生活的重心，是她的伴侣和力量。她知道自己长得并不出色，又没有万贯家财，因此在那段近乎绝望的日子里，她一再自问：如何才能使别人接纳我、需要我？

不错，才50多岁便失去了自己生活的伴侣，自然令人悲痛异常。但时间一久，这些伤痛和忧虑便会慢慢减缓乃至消失，她也会开始新的生活——从痛苦的灰烬之中建立起自己新的幸福。她曾绝望地说道："我不相信自己还会有什么幸福的日子。我已经不再年轻，孩子也都长大成人，成家立业了。我还有什么地方可去呢？"可怜的妇人得了严重的抑郁症，而且不知道该如何治疗这种疾病。好几年过去了，她的心情一直都没有好转。

后来，她觉得孩子们应该为她的幸福负责，因此便搬去与一个结了婚的女儿同住。但事情的结果并不如意，她和女儿都面临一种痛苦的经历，甚至恶化到大家翻脸成仇。这名妇人后来又搬去与儿子同住，但也好不到哪里去。

后来，孩子们共同买了一间公寓让她独住，这更不是真正解决问题的方法。她后来找到了问题的关键——我得使自己成为被人接纳的对象，我得把自己奉献给别人，而不是等着别人来给我什么。想清了这一点，她擦干眼泪，换上笑容，开始忙着画画。她也抽时间拜访亲朋好友，尽量制造欢乐的气氛，却绝不久留。

许多寂寞孤独的人之所以会如此，是因为他们不了解爱和友谊并非是从天而降的礼物。一个人要想受到他人的欢迎或被人接纳，一定要付出许多努力和代价。要想让别人喜欢我们，的确需要尽点心力。后来她逐渐成为大家欢迎的对象，不但时常有朋友邀请她吃晚餐，或参加各式各样的聚会，并且她还在社区的会所里举办画展，处处都给人留下美好的印象。

后来，她参加了这艘游轮的"地中海之旅"。在整个旅程当中，她一直是大家最喜欢接近的目标。她对每一个人都十分友善，但绝不紧缠着人不放，在旅程结束的前一个晚上，她所在的舱是全船最热闹的地方。她那自然而不造作的风格，给每个人都留下了深刻的印象。从那时起，这位妇人又参加了许多类似的旅游，她知道自己必须勇敢地走进生命之流，并把自己贡献给需要她的人。

现实生活中，许多时候我们总是抓住痛苦不放，以至于丧失了快乐的机会。事实上，如果我们能够学会遗忘，放下痛苦，就能赢得生活的快乐。

人生在世，忧虑与烦恼有时会伴随着欢笑与快乐。正如失败伴随着成功，如果一个人的脑子里整天胡思乱想，把没有价值的东西也记存在头脑中，那他总会感到前途渺茫，人生也就会有很多的不如意。所以，我们很有必要对头脑中储存的东西，给予及时清理，把该保留的保留下来，把不该保留的予以抛弃。那些给人带来诸多方面不利的因素，实在没有必要过了若干年还回味或耿耿于怀。这样，人才能过得快乐、洒脱。

遗忘过去生活中的不幸往事，可重塑崭新生活的信心。如果一个人老是不能忘记任何事情，将是十分痛苦的。对上了年纪的人来说，更是如此。人活在世上，往往是难于将事看穿。要把事情看轻、看薄、看淡，就要学会遗忘，善于遗忘。否则，拘泥于一得一失，则身不能安，茶饭不思，身心疲惫，活得沉重和艰难。要学会遗忘，要保持冷静的情绪，要主动到生活中寻找乐趣，让自己的生活丰富多彩，并不断有新的追求和充实的精神世界。对于大千世界，人际关系要淡化，不要斤斤计较。切莫把自己独锁一隅，为过去而烦忧。

人生需要反思，需要不断总结教训，发扬优点，克服缺点。要学会遗忘，用理智去过滤自己思想上的杂质，保留真诚的情感，它会教你陶冶情操。只有善于遗忘，才能更好地保留人生最美好的回忆。

只有学会遗忘那些不开心的事情，才能拥有健康；只有善于遗忘，才能保证知识的更新和大脑思维的敏捷。如烟往事俱忘却，心底无私天地宽。学会遗忘，就要胸怀大志，宽容处世，从追求名利得失、个人利益中解脱出来，把任何事情都看轻一点、看淡一点，把一些不该记住的东西及时遗忘，只留下温馨和美好，才能把愉快的心境、充沛的精力和长久的健康留给自己，使生命之树常青。

当如烟的往事，搅得你心烦意乱，给你带来种种困扰时，你便会感到遗忘确实是一服良药。

境由心生，快乐靠自己决定

生活中，人人都想拥有快乐，其实，快乐不在别处，就在每个人的心里。

心理学博士凯伦·撒尔玛索恩女士说："我们的生活有太多不确定的因素，你随时可能会被突如其来的变化扰乱心情。与其随波逐流，不如有意识地培养一些让你快乐的习惯，随时帮助自己调整心情。"快乐并非取决于你是什么人，或你拥有什么，它完全来自于你的思想，你心中注满希望、自信、真爱与成功的想法，就是快乐了。假如你下决心使自己快乐，你就能够使自己快乐。快乐无须理由，它本身就是理由。所以，生活中别忘了时时享受快乐，拥有了快乐就拥有了幸福。

有这样一个小故事：

很久以前，有个人因为常常闷闷不乐，所以一年四季都在找快乐。他到处问别人："请问，到哪里才能找到快乐？"但被问的人总是摇摇头说不知道。他越找不到快乐就越不快乐。于是，他下定决心，不找到快乐决不罢休。因此他收拾了行李远离家乡，到了人烟稀少的深山、海边去寻觅，然而依然找不到，最后他准备放弃了。他告诉自己："算了，我为什么一定要找到快乐呢？只要我好好做事、好好生活，没有快乐又能怎样？我若能找到快乐更好，找不到也不是世界末日啊！我还是回去过我的日子吧！"他对自己说了这一番话后，便兴高采烈地回家了。一路上，他哼着歌、吹着口哨，这时候他惊讶地发现自己已经找到了快乐。

快乐是不需要刻意去寻找的，它往往就在我们身边，只是我们常常忽视了它的存在，却总是喜欢将目光茫然地投得更远，总想在欣赏远处风景中寻找渺茫的快乐。

快乐无所不在，关键要有一个快乐的心情。快乐总是垂青那些童心未泯、精神明亮的人。

在著名哲学家苏格拉底还是单身汉的时候，他和几个朋友在一起，住在一间只有七八平方米的房间，他一天到晚总是乐呵呵的。有人问他："那么多人挤在一起，连转个身都难，有什么可乐的？"苏格拉底说："朋友们在一起，随时都可以交换思想、交流感情，这难道不值得高兴吗？"

过了一段时间，朋友都成了家，一个个先后搬出去了，屋子里只剩下苏格拉底一个人。每天，他依然开心。那人又问："你一个人孤孤单单，有什么好高兴的？"苏格拉底说："我有很多书啊，一本书就是一个老师。和这么多老师在一起，时时刻刻都可以向老师请教，这怎么能不令人高兴呢？"

几年后，苏格拉底也成了家，搬进了一座楼里，这座楼有六层，他家住一楼。一楼不安静、不安全，也不卫生，上面老乱扔东西下来。可他还是一副喜气洋洋的样子。那人又问他："你住这样的地方，也感到高兴吗？"苏格拉底说："你不知道住一楼有多少好处啊，比如进门就是家，不用爬楼；搬东西方便，不用花大力气；朋友来访，不用四处打听……这些妙处啊，简直没法说。"

过了一年，苏格拉底把一楼让给了一位腿脚不方便的朋友，自己住到了六楼。六楼又晒又冷，爬起来还累，但他依然快快活活。那人不解地问："住顶楼有什么好处？"苏格拉底说："好处多了，如每天下楼可以锻炼身体，看书时光线好……"

后来，那个人又问苏格拉底："你总是那么快乐，可我却感觉到你每次所处的环境并不那么好啊？"

苏格拉底说："决定自己心情的，不在于环境，而在于心境。"

境由心生，快乐靠自己决定。一个人心里想些什么，是别人无法控制的，因此，快乐与否的感觉操纵完全在自己的手中。

快乐是一种简简单单的心境，是来自一种平平淡淡的条件的满足。现实生活之中，人只要有了一种内心的满足，就是找到了快乐的源泉。快乐完全掌握在自己手中。生活中充满快乐，只要你将烦恼从心灵中驱走，选择快乐，为快乐腾出安身的空间，那么快乐就会随你而行。

快乐是一种生活态度，一种生活习惯。快乐的生活需要快乐的心情，而快乐的心情是需要自己营造的。快乐的心情从哪里来呢？快乐的心情从我们的生活中来。生活需要快乐的心情，快乐心情又来自生活，这二者就是这样的互相依赖，不能离开。

第四章　舍下多少，就会得到多少

舍得付出总会有回报

将欲取之，必先予之。总是要先付出，才谈得上获取。我们不可能在自己一毛不拔的情况下向别人伸手。

我们生活的大部分内容，其实也就是在舍与得中重复。很多时候，我们都更信自己不会亏待别人，自己先得到利益，就不会亏了别人。但既然取舍是平衡的，为什么我们不主动一点，先付出别人需要的呢？如果我们能够事事先谈付出，后讲索取，无疑会十分有效地表达我们的诚意，将双方的距离再拉近一步，人际关系也会因此缓和许多。

有这样一个小故事：

一个猎人被一头强壮的黑熊追赶，慌不择路，人熊双双跌入用以捕猎的深坑，陷入困境。此时此刻，求生的本能驱使黑熊拼命地沿坑壁攀爬跳跃，几经反复，终不得果。黑熊冷静温顺下来，后肢直立，前肢搭在坑沿上，不停地把目光转向猎人，似乎在示意：你踩着我的身体上去吧。猎人会意，踩着黑熊的身体，经过几次努力，终于爬出深坑。紧接着，猎人找来人手绳索，将黑熊救了上来。从此，奇迹发生了，黑熊群再也没有损害村子的农作物，也没有伤害咬死人畜，演绎了一出人和动物互为付出、互为回报、和睦相处的佳话。

人与动物是如此，人与人、人与自然界、人与社会又何尝不是如此？付出与回报是对等的，有时候回报大大超出付出。有勤劳就有收获，有付出就有回报！

有一个人在沙漠里行走了两天，途中遇到风沙。一阵狂沙之后，他已认不得正确的方向，正当快撑不住时，他发现了一幢废弃的小屋。他拖着疲惫的身子走进了屋内，这是一间不通风的小屋子，里面堆了一些枯朽的木材。他几近绝望地走到屋角，却意外地发现了一个抽水机。

他兴奋地上前抽水，却任凭他怎么抽，也抽不出半滴来。他颓然坐地，却看见抽水机旁，有一个用软木塞堵住瓶口的小瓶子，瓶上贴了一张泛黄的纸条，上面写着：你必须用水灌入抽水机才能饮水！不要忘了在你离开前，请再将水装满！他拨开瓶塞，发现瓶子里果然装满了水！

他的内心，此时开始交战着——如果自私点，只要将瓶子里的水喝掉，他就不会渴死，就能活着走出沙漠！如果照纸条做，把瓶子里唯一的水，倒入抽水机内，万一水一去不回，他就会渴死在这地方了。

到底要不要冒险？

最后，他决定把瓶子里唯一的水，全部灌入看起来破旧不堪的抽水机里，以颤抖的手抽水，水真的大量涌了出来！他将水喝足后，把瓶子装满水，用软木塞封好，然后在原来那张纸条后面，加上了他自己的话：相信我，真的有用。

这个故事告诉我们一个道理：有付出必有回报，有回报必须付出，二者是辩证统一的。付出是回报的前提，回报是付出的结果。付出与回报就好比一对孪生兄弟，在生活中无时无刻不存在着，就好像有阳光的地方一定会有阴影，任何一方都不会孤立的存在。

当第二次世界大战的硝烟刚刚散尽时，以美、英、法为首的战胜国几经磋商后，决定在美国纽约成立一个协调处理世界事务的联合国。一切准备就绪之后，大家蓦然发现，这个全球至高无上、最有权威的世界性组织竟然找不到自己的立足之地。

买一块地皮吧，刚刚成立的联合国机构还身无分文；让世界各国筹资吧，牌子刚刚挂起，就要向世界各国搞经济摊派，负面影响太大。况且，刚刚经历了战争的浩劫，各国都国库空虚，甚至许多国家的财政赤字居高不下，在寸金寸土的纽约筹资买下一块地，并不是一件很容易的事情。

听到这一消息后，美国著名的家族财团洛克菲勒家族经过紧急商议，马上果断出资870万美元，在纽约买下了一块地，将这块地无条件地赠送给了这个刚刚挂牌的国际性组织——联合国。

同时，洛克菲勒家族亦将毗邻这块地的大面积土地全部买下来。

对洛克菲勒家族的这一出人意料之举，许多美国大财团都吃惊不已——870万美元，对于战后经济萎靡的美国和全世界来说，这都是一笔不小的数目，而洛克菲勒家族却无条件将这些钱拱手相赠。

这条消息传出后，美国的许多财团主和地产商都纷纷嘲笑说："这简直是蠢人之举。"并纷纷断言："这样经营不要十年，著名的洛克菲勒家族财团便会沦落为著名的洛克菲勒家族贫民集团。"

但出人意料的是，联合国大楼刚刚完工，毗邻它四周的地价便立刻飙升起来，相当于捐赠款数十倍、近百倍的巨额财富源源不断地涌进了洛克菲勒家族的口袋。这种结局令那些曾经讥讽和嘲笑过洛克菲勒家族的商人们目瞪口呆。

生活的法则永远都是想得到必须先付出。无论你想获得什么回报，都必定需要先付出。你想摘取树上的果实，就必须先给树浇水、施肥；你想在工作上干出成绩，就必须先要付出心血和汗水；你想得到别人的帮助，就必须要先去帮助别人；你想得到别人的爱，就必须要先去爱别人。

放弃也是一种大智慧

人的一生很短暂，有限的精力不可能方方面面都顾及，而世界上又有那么多炫目的精彩，这时候，放弃就成了一种大智慧。放弃其实是为了得到，只要能得到你想得到的，放弃一些对你而言并不必需的"精彩"，又有什么不可以呢？

法国人从莫斯科撤走后，一位农夫和一位商人在街上寻找财物。他们发现了一大堆未被烧焦的羊毛，两个人就各分了一半捆在自己的背上。

归途中，他们又发现了一些布匹，农夫将身上沉重的羊毛扔掉，选些自己扛得动的较好的布匹；贪婪的商人将农夫所丢下的羊毛和剩余的布匹统统捡起来，重负让他气喘吁吁、行动缓慢。

走了不远，他们又发现了一些银质的餐具，农夫将布匹扔掉，捡了些较好的银器背上，商人却因沉重的羊毛和布匹压得他无法弯腰而作罢。

突降大雨，饥寒交迫的商人身上的羊毛和布匹被雨水淋湿了，他跟跄着摔倒在泥泞当中，而农夫却一身轻松地回家了。他卖了银餐具，生活富足起来。

故事中羊毛、布匹和银制餐具的差异显而易见，但实际生活中的取舍未必这么明朗。这个故事只是告诉我们，人生中总有几个关键时刻，如果你不懂得舍得的道理，在该舍弃的时候不能果断舍弃手上已经拥有的，就无法换取更好的。很多时候，那些你难以舍弃的东西，其实只会成为前路的累赘。人生就是在得失交替中前进，你眼下所舍弃的，很可能就是下一段旅程的敲门砖。

有一个学校举行智力竞赛，校长对参加决赛的6名选手说："我现在把你们分别关在6间教室里，门外有人把守。我看你们谁有办法，只说一句话，就能让门卫把你放出来。不过有两个条件，一是不准硬闯出门，二是即便放出来，也不能让门卫跟着你。"

3个小时过去了，仍没有一个人发出声响。有个学生很惭愧地低声对门卫说："叔叔，这场比赛太难了，我不想参加这场竞赛了，请您让我出去吧。"

门卫听了，打开房门让他走了出来。然而走出大门的小家伙随即又回来了，他走到大厅里对校长说："校长，您看，按您的要求，我办到了！"

校长高兴地说："好孩子，你确实是这次竞赛的胜利者！"

可见，放弃也是一种胜利。很多时候，人正是因为不懂得舍弃才会有许多痛苦。当懂得了舍弃后，就会豁然开朗，生命马上会展现出另外一种截然不同的景致。要知道，放弃是另一种意义上的拥有，只有放弃执着和压抑于心的东西，才能去承载许许多多更美好的礼物。世上有失必有得，有得必有失，而我们也该在这内心的平衡中找到和谐与快乐。

放弃，是一种睿智、是一种豁达，它不盲目、不狭隘。放弃，对心境是一种宽松，对心灵是一种滋润，它驱散了乌云，它清扫了心房。有了它，人生才能有爽朗坦然的心境；有了它，生活才会阳光灿烂。所以朋友们，别忘了，在生活中还有一种智慧叫放弃！

予人玫瑰，手留余香

生活中，不少人认为帮助别人，自己就要有所牺牲；别人得到了，自己就一定会失去。其实很多时候，帮助别人并不意味着自己吃亏，其实也在是帮助自己。正如爱默生所说："人生最美丽的补偿之一，就是人们真诚地帮助别人之后，同时也帮助了自己。"

巴萨尔是从父亲的手中接过这家食品店的，这家古老的食品店很早以前就在镇上远近皆知了，他希望能够通过自己的努力，让食品店更加兴旺。

一天晚上，巴萨尔正在店里收拾货物清点账款，因为第二天他将和妻子一起去度假。他打算早早地关上店门，以便为外出度假做准备。忽然，他注意到店门外不知何时竟站着一位面黄肌瘦的年轻人，他衣衫褴褛、双眼深陷，一看就知道是一个典型的流浪汉。

巴萨尔是个热心肠的人。他走了出去，对那人说道："年轻人，有什么需要帮忙的吗？"

年轻人略带腼腆地问道："这里是巴萨尔食品店吗？"他说话时带着浓重的墨西哥口音。"是的。"巴萨尔点了点头。

年轻人更加腼腆了，他低着头，小声说道："我是从墨西哥来找工作的，可是整整两个月了，我仍然没有找到一份合适的工作。我父亲年轻时也来过美国，他告诉我他在你的店里买过东西，喏，就是这顶帽子。"

巴萨尔看见小伙子的头上果然戴着一顶十分破旧的帽子，那个被污渍弄得模模糊糊的"V"字形符号正是他店里的标记。"我现在没有钱回家了，也好久没有吃过一顿饱餐了。我想……"年轻人继续说道。

巴萨尔知道眼前站着的人只不过是多年前一个顾客的儿子，但是，他觉得自己应该帮助这个小伙子。于是，巴萨尔把小伙子请进了店内，好好地让他饱餐了一顿，并且还给了他一笔路费，让他回国。

不久，巴萨尔便将此事淡忘了。过了十几年，巴萨尔的食品店越来越兴旺，在美国开了许多家分店，于是他决定向海外扩展，可是由于他在海外没有根基，要想从头发展困难重重。为此，巴萨尔一直犹豫不决。

正在这时，他收到了一封来自墨西哥的信件，原来写信人正是多年前他曾经帮助过的那个流浪青年。此时，当年的那个年轻人已经成了墨西哥一家大公司的总经理，他在信中邀请巴萨尔来墨西哥发展，与他共创事业。这对于巴萨尔来说真是喜出望外，有了这位总经理的帮助，巴萨尔很快在墨西哥建立了他的连锁店，而且经营发展得异常顺利。

一个流浪青年，谁又能想到多年之后，他能成为大老板呢？倘若当时巴萨尔没有帮助这位青年，他的事业之路也不会发展得那么顺利。这种回报与其说是上帝的赐予，不如说是巴萨尔当初种下了善因，而一个有着善心和善举的人，是应该得到回报的。

你怎样对待别人，别人就会怎样对待你。这是人际交往中必须遵循的一条基本规律。从这一意义上说，帮助别人就是帮助自己。

一位哲人说："一个不肯助人的人，他必然会在有生之年遭遇到大困难，并且大大伤害到其他人。"是的，每个人都不是独立地存在这个世界上的，每个人都会遇到困难，遇到自己解决不了的问题。这个时候，我们就需要向别人求助，如果我们能得到别人帮助，那么我们就会心存感激，希望他日自己也可以为别人做些事情。同样地，当我们帮助别人时，别人也会心存感激，希望他日伸出援助之手，帮助我们。

在日常生活中，许多偶然的事情，将会决定你未来的命运，而生活从来不会说什么，却会用时间诠释这样一个真理：帮助别人，就是帮助自己。

事实上，我们总想从别人那里获取更多的东西，自己却吝啬哪怕一点点的付出。心理学家马斯洛指出，人都有爱与被爱的需要。我们更关注被爱和受尊重的感受，却往往忽视了爱与尊重他人的前提。其实，你只有主动去关照、帮助一下别人，你眼前的世界也许就会因此而改变。所以，我们要舍弃一些不必要的自我意识，帮助别人做一些力所能及的事情。记住：当我们搬开别人脚下的绊脚石时，也许恰恰是在为自己铺路。我们在帮助别人的时候，也就是在帮助我们自己。

放弃执着，拥抱快乐

世间的万事万物，不论是山川大地、宇宙中的任何事物与现象，还是我们的身体、思想等，都是在不断的变动之中的，没有一样是永恒不变的。到了该改变的那一刻，应该要放下的就要放下，不需执着。

一个老和尚领着一个小和尚赶路，途中遇到一条小河，河边站着一个姑娘。这姑娘过不了河，望着河水发愁，老和尚就把她背过了河。过河之后，老和尚若无其事继续赶路，小和尚却开始暗自纳闷。过了好久，走出十多里地，老和尚发现小和尚神色不对，若有所思，就问："你在想什么？"小和尚说："普通男女且授受不亲，佛家弟子更是不近女色，你怎么能背女人呢？"老和尚听了，哈哈一笑，说："我早就放下了，你怎么还背着？"

放下不需要广博的知识，不需要顽强的意志，放下与否只在一念之间。有时候我们自以为放下了，却在午夜梦回时，心悸着猛然醒转，才发现那不过是自欺欺人。怎么才算是放下？张开双手，像放下背过河女人一样放它离开，这只是放开，不是放下，只是舍弃，不是舍得。真正地放下，除了放下外在的实体，还要放下心中的执着。当你想起它时，已不再牵动内心的悲喜，就算是真正放下了。

一只蚂蚁想往瓷砖墙上爬，可一次次都失败掉了下来，可它依然执着地往上爬。一个人看到后感慨地说："多伟大的蚂蚁，失败了毫不妥协，继续向目标前进。"另外一个人看到后也感叹地说："多么可怜的蚂蚁，太盲目了，假如它改变一下方式，也许很快就到达目的地了。"这原本是个哲学故事，曾有人去问智者谁是谁非，智者说两个人都没有错，这只是反映了两种不同的人生态度罢了。

执着的人，会对蚂蚁持有赞赏的态度。在很多情况下也会被认为是一种积极的人生态度。对追求既定的高远的目标执着是美德，但不要过分执着，不要盲目执着，因为不加分析地过分执着就是固执了，就陷入了不可自救的境地了。

其实，生活并不需要一些无谓的执着，没有什么绝对割舍不了的事情，在生命里，也没有什么失去了就活不了的。你要想生活得轻松，就得学会放弃。拿得起，放得下，才能不为执着所苦。因为有选择就有放弃，放弃有时是一种解脱。当你果断放弃的时候，就会感受到海阔天空一般的晴朗，看到光明，感受到温暖。当你放弃的那一刻，你就找回了自己，找回了快乐。

一个富翁老了，他的两个儿子也长大了，这些日子富翁一直在苦苦思索，到底让哪个儿子继承遗产？富翁百思不得其解。想起自己白手起家的青年时代，他忽然灵机一动，找到了考验他们的好办法。他锁上宅门，把两个儿子带到一公里外的一座城市里，然后给他们出了道难题，谁答得好，就让谁继承遗产。他交给他们一人一串钥匙、一匹快马，看他们谁先回到家，并把宅门打开。马跑得飞快，所以，兄弟两个几乎是同时回到家的。

但是面对紧锁的大门，两个人都犯愁了。哥哥左试右试，苦于无法从那一大串钥匙中找到最合适的那把；弟弟呢，则苦于没有钥匙，因为他刚才光顾着赶路，钥匙不知什么时候掉在了路上。两个人急得满头大汗。突然，弟弟一拍脑门，有了办法，他找来一块石头，几下子就把锁砸开了，他顺利地进去了。自然，继承权落在了弟弟手里。

人生的大门往往是没有钥匙的，在命运的关键时刻，我们不能墨守成规，执着于手中能开启大门的钥匙，而最简单直接的工具往往是一块能砸开大门的石头！

在快节奏的现代生活中，当你的情绪不能保持沉稳与宁静时；在激烈紧张的竞争中，当你的内心无法处于松弛平和时；事业上遭遇挫折失败，当你的心态缺乏坚强与豁达时……凡事不执着就是一种智慧！

不执着不是甘于堕落，更不是甘于沉沦，而是一种远离名利、远离喧嚣的坦然，是拨云见日后的一份从容。很多时候，只有不过分执着才是人生最大的智慧。

第五章　舍得的真意是懂得珍惜

珍惜当下，享受每一天

　　人生是美好的，但是人生中最美好的东西，不在过去，也不在未来，人生中最美好的东西，就在现在，就在稍纵即逝的每一刻。古希腊学者库里希坡斯曾说过：过去与未来并不是"存在"的东西，而是"存在过"和"可能存在"的东西。唯一"存在"的是当下。任何懂得珍惜自己的人，必须首先珍惜"现在"，珍惜生命中的每一刻。

　　在纷扰复杂的社会中，要保持良好的心态和平和的心境，有一个好的方法，就是把握当下。每个人的生命都只有一次，过去无法改变，未来尚未发生。只有当下才是最为真实的，它承载过去，连接着未来。只有把握好当下，才能创造未来的辉煌，让人生变得丰盈而美好。

　　昨天已成为过去，明天还未来到，在自己手中牢牢掌握的只有现在。把握现在，活在当下，全心全力做好身边的每一件事，才是真正的人生。

　　很久很久以前，在一片田野上，有两条小河流。它们灌溉着东西两边的土地，使那里的人们安居乐业，安定地生活。人们很尊敬地将两条小河称为"母亲河"。

日子久了，一条小河开始不满足目前的生活，它说："我们的生活真没意思，每天都在这偏僻的村庄，不知道外面的世界究竟是什么样子，难道你不想出去看看吗？"

另一条小河说："做什么事都不能好高骛远，我们现在不正在滋润着一方土地，养活着一方百姓，这不是最好的生活吗？你为什么非要出去？"可惜它的劝告没什么效果，那条小河义无反顾地冲向远方，再也看不到了。

很多年后，留在原地的小河听到了出走小河的消息，它进了沙漠，最终干涸。因为它的离开，东边的土地不再肥沃，人们只好迁到西边，并拓宽了河道，让小河更加宽阔。西边的小河叹息道："有追求是好事，但是，做好眼前的事不是更重要吗？每天看着劳作的男人、织布做饭的女人，还有那些快乐的孩子，不就是最好的事吗？"

"当下"不仅仅是个时间概念，它还代表了一种生活状态，包括你的心态、你所处的环境、你身边的人以及他们对你的态度，所有这些因素加起来就是完整的"当下"。"当下"常常不能让人满意，亟待改变，但有些人不是以当下为基础，而是好高骛远，就像那条最后冲进沙漠的小河，不能好好把握当下，就会损失未来。

1871年春天，一个年轻人，作为一名蒙特瑞综合医院的医科学生，他的生活中充满了忧虑：怎样才能通过期末考试？该做些什么事情？该到什么地方去？怎样才能谋生？他拿起一本书，看到了对他的前途有着很大影响的一句话，这句话使这位年轻的医科学生成为当时最著名的医学家。他创建了闻名全球的约翰·霍普金斯医学院，成为牛津大学医学院的钦定讲座教授——这是大英帝国医学界所能得到的最高荣誉——他还被英王封为爵士。他死后，记述他一生经历的两大卷书达1466页。

他就是威廉·奥斯勒爵士。1871年春天他看到的那句话帮助他度过了无忧无虑的一生。这句话就是："最重要的是不要去看远处模糊的，而要去做手边清楚的事。"是托马斯·卡莱尔所写的。

在42年后的一个温暖的春夜里，在开满郁金香的校园中，威廉·奥斯勒爵士在耶鲁大学发表讲演。他对那些耶鲁大学的学生们说，像这样一个人，曾经在四所大学里当过教授，写过一本很受欢迎的书，似乎应该有着特殊的头脑，其实不然，他的一些好朋友都说，他的脑筋其实是普普通通的。

那么，他成功的秘诀是什么呢？他认为是由于他生活在"一个完全独立的今天"里。

在去耶鲁演讲的几个月以前，他曾乘一艘很大的海轮横渡大西洋。他看见船长站在驾驶舱里按了一个按钮，在一阵机器运转的响声后，船的几个部分就立刻彼此隔绝开了——隔成几个防水的隔舱。

奥斯勒爵士对那些耶鲁的学生说："你们每一个人都要比那条大海轮精美得多，而且要走的航程也遥远得多。我想奉劝诸位：你们也应该学会控制自己的一切。只有活在'完全独立的今天'里，才能在航行中确保安全。在驾驶舱中，你会发现那些大隔舱都各有用处。注意观察你生活中的每一个侧面，用铁门去隔断那些已经逝去的昨天；按下另一个按组，用铁门把未来也隔断——隔断那些尚未诞生的明天；埋葬已经逝去的过去，切断那些会把傻子引上死亡之路的昨天。

明天的重担加上昨天的重担，必将成为今天的最大障碍，要把未来像过去那样紧紧地关在门外。"

活在当下意味着无忧无悔。对未来会发生什么不去做无谓的想象与担心，所以无忧；对过去已发生的事也不做无谓的思维与计较得失，所以无悔。人能无忧无悔地活在当下，可谓是一种人生的境界。

感谢生活的每一次馈赠

感恩是一种处世哲学，是生活中的大智慧。学会感恩，是为了擦亮蒙尘的心灵而不致麻木，学会感恩，是为了将无以为报的点滴付出永铭于心。

在一个闹饥荒的城市，一个心地善良的面包师把城里最穷的几十个孩子聚集到一块儿，然后拿出一个盛有面包的篮子，对他们说："这个篮子里的面包你们一人一个。在上帝带来好光景以前，你们每天都可以来拿一个面包。"

瞬间，这些饥饿的孩子一窝蜂似的涌了上来，他们围着篮子推来挤去大声叫嚷着，谁都想拿到最大的面包。当他们每人都拿到了面包后，竟然没有一个人向这位好心的面包师说声谢谢就走了。

但是有一个叫依娃的小女孩例外，她既没有同大家一起吵闹，也没有与其他人争抢。她只是谦让地站在一步以外，等别的孩子都拿到以后，才把剩在篮子里最小的一个面包拿起来。她并没有急于离去，她向面包师表示了感谢，并亲吻了面包师的手之后才向家走去。

第二天，面包师又把盛面包的篮子放到了孩子们的面前，其他孩子依旧如昨日一样疯抢着，羞怯、可怜的依娃只得到一个比头一天还小一半的面包。当她回家以后，妈妈切开面包，许多崭新、发亮的金币掉了出来。

妈妈惊奇地叫道："立即把钱送回去，一定是面包师揉面的时候不小心揉进去的。赶快去，孩子，赶快去！"当依娃拿着钱回到面包师那里，并把妈妈的话告诉面包师的时候，面包师慈爱地说："不，我的孩子，这没有错。是我把金币放进小面包里的，我要奖励你。愿你永远保持现在这样一颗感恩的心。回家去吧，告诉你妈妈这些钱是你的了。"她激动地跑回了家，告诉了妈妈这个令人兴奋的消息，这是她的感恩之心得到的回报。

感恩是一种对恩惠心存感激的表示，是每一位不忘他人恩情的人萦绕心间的情感。如果在我们的心中培植一种感恩的思想，则可以沉淀许多的浮躁、不安，消融许多的不满与不幸。只有心怀感恩，我们才会生活得更加美好。

据传在印度一个偏僻的小镇，有一种特别灵验的泉水，如果诚心祈祷，就会出现神迹。喝了泉水之后，可以医治各种疾病。有一天，一个因在战争时期失去了一条腿的退伍军人来到了这里。旁边的镇民带着同情的口吻说："可怜的家伙，难道他要向上帝请求再有一条腿吗？"这一句话被退伍的军人听到了，他转过身对他们说："我不是要向上帝请求有一条新的腿，而是要请求他帮助我，教我没有一条腿后，也知道如何过日子。"

生活中，只有拥有一颗感恩之心，才懂得珍惜，才会快乐。为所失去的感恩，要接纳失去的事实，不管人生的得与失，总是要让自己的生命充满了亮丽与光彩，不再为过去掉泪，努力地活出自己的精彩。

感恩是一种发自内心的生活态度。我们仔细观察一下，你就会发现生活中总有值得感恩的一切，不要责怪现实给予我们太少，问询一下我们的心，是不是自己向现实要得太多，要得太理所当然了，忘记了得到的快乐，忘记了感恩。人之所以不开心，也就在于此。

生活中，我们要常怀感恩之心——感恩现在、过去和将来；感恩父母、老师和他人；感恩自己的努力和社会的恩赐。只有这样，我们的内心才会充实，头脑才会理智，眼界才会开阔，人生才会赢得更多的幸福。

学会感恩，就会善待自己，更好的生活；学会了感恩，就会懂得宽容，不再抱怨，不再计较；学会感恩，我们便能以一种更积极的态度去回报我们身边的人；学会感恩，我们会抱着一颗感恩之心，去帮助那些需要帮助的人；学会感恩，我们会摒弃那些阴暗自私的欲望，使心灵变得澄清明净……

珍惜眼前人，不是每段恋情都可以重来

俗话说：缘分是天定的，幸福才是自己的。当你拥有爱情的时候，可能觉得也不过如此，也许根本不知道自己其实深爱着对方，但是往往失去后才会明白原来他对你来说是多么重要。对于两个相爱而不能在一起的人来说，在一起是多么幸福。人就是这样，拥有时不懂得珍惜，失去后才追悔莫及。一生当中也许会遇到很多爱你的人和你爱的人，但是不是每一个爱你的人都会一直守在你身边，也不是每一段恋情都可以重来。

她是个成绩优秀的三好学生，在大学的时候，她和一个男孩恋爱了。记得第一次出去吃饭的时候，男孩点了一条鱼，看着那条鱼，男孩对女孩说："你喜欢吃鱼眼吗？我最喜欢吃鱼眼了，来，我把这鱼眼让给你吃！"女孩看着那对恶心的鱼眼，但又不好意思拒绝男孩的一片心意，只好冲他一笑算是默认了。男孩说："小时候，奶奶总是告诉我说，小孩子吃了鱼眼眼睛会明亮。每次吃鱼的时候，奶奶都会把鱼眼让给我吃，所以我就养成了爱吃鱼眼的习惯。"从这以后，他们每次约会去吃饭的时候，男孩都会点一条鱼，而且永远都是把自己最爱吃的鱼眼夹给女孩吃。慢慢地，女孩也习惯了，也爱上了吃鱼眼。

转眼男孩和女孩都毕业了，男孩在县城里买了套新房，准备结婚，可女孩没有答应，因为她还没有实现自己的梦想，她要有属于自己的事业，她要去大城市发展，所以她选择了离开。在走的时候，女孩头也没有回，走得很决绝。

几年以后，女孩有了属于自己的公司，她的理想实现了，但爱情一直是一片空白，因为她再也找不到那个为她夹鱼眼的人，再也不会爱上别人了，每次聚餐，应酬时她都会点上一条鱼，当她离开的时候，她都会忍不住看看桌上的残局，看着那对两眼相望而又无人问津的鱼眼，她有点伤感。

有一天，因为特殊的原因，她被邀请到了那个男孩的家里做客，男孩的妻子做了很多菜，当然还有鱼，男孩的妻子张罗着给女孩夹鱼肉，但那对鱼眼被那个男孩夹给了自己的妻子，这时候女孩再也忍不住，流下了后悔的泪水。

生活就是这样，当你意识到应该珍惜的时候，幸福已经悄悄地溜走，留下的只是丝丝无奈和肆无忌惮的泪水。

有的人不会永远都停留脚步为你守候，离开了就别再后悔！

有的人不会永远在原地等你，珍惜属于自己的缘分，找一份真正属于自己的幸福！

与其追求幸福，不如享受幸福

幸福，在人们心里没有统一的标准，每个人都有他自己幸福的概念。

商人说："幸福就是拥有更多的金钱。"

战士说："幸福就是让祖国更加安全。"

学生说："幸福就是考试得了100分。"

孤儿说："幸福就是拥有母爱。"

……

每个人对幸福都有不同的答案，可是无论幸福是什么，我们都应该珍惜自己所拥有的幸福。

美国教育家杜朗曾叙述过他是如何寻找幸福的。他先从知识里找幸福，得到的只是幻灭；从旅行里找，得到的只是疲倦；从财富里找，得到的只是争斗与忧愁；从写作中找，得到的只是劳累。直到有一天，他在火车站看见一辆小汽车里坐着一位年轻妇女，怀里抱着一个熟睡的婴儿。一位中年男子从火车上下来，径直走到汽车旁边，他吻了一下妻子，又轻轻地吻了婴儿——生怕把他惊醒。然后，这一家人就开车离去了。这时杜朗才惊奇地发现什么是真正的幸福。他高兴地松了口气，从此懂得：生活的每一平常活动都会带有某种幸福。

幸福就是这样，当我们苦苦地追求时，往往却遭遇到痛苦。然而，当我们轻松愉快地活着时，却发现幸福时刻围绕在我们身边。其实，幸福可以很简单，简单到我们都忽略了它的存在。只要能够把握住你现在拥有的，便是人生最大的幸福。

有一个虔诚的基督教徒。每天他都要向上帝祈祷，而且每回都是祷告两次。但是他的弟弟不相信上帝，也不相信祈祷带来的好运，所以从不祷告。

虽然几十年的时间里这个人都很虔诚地祈祷神灵的护佑，但是他并没有拥有幸福的人生。

短短几十年的时间，他的房子被烧毁了、生意失败而导致破产，而且妻子也离家出走了，孩子也因为无人管教变成了不良少年。他的生活过得很落魄，最后身无分文地死去，状况很凄惨。

可是，他那位从不祷告的弟弟却与他截然相反，他的弟弟不但名利双收、家庭和睦，而且身体健康。

那个信仰上帝的人死后来到上帝面前，他对自己的遭遇感到很不理解，在见到上帝的时候问道："这是为什么，为什么我一生都在虔诚祷告，而且从来不间断，但是我的下场如此凄惨呢？"

"因为……"上帝想说的话咽下去了，但还是有些生气地说，"因为你实在是太吵了！"

那个人更加不解了："你怎么说我吵呢，难道我每天跟你祈祷还有错吗？"

上帝说："你每天都祈祷让我给你幸福，但是你为什么不去享受我给你的幸福呢？你有幸福不知道去享受，反而天天折磨我，让我给你幸福，这不是自欺欺人吗？"

那个人若有所思地说："我不知道享受幸福？"

上帝无奈地摇摇头说："我给每个人的幸福都是相同的，但是你不懂得珍惜，也不知道享受眼前的幸福，所以你才会失去幸福。"

幸福是每个人都向往的一种生活，但又有多少人能感觉到自己的幸福？幸福不是凭空得来的，也不要觉得幸福是顺其自然就可能得到的，唯有紧抓住幸福，把握现在，才是真正的幸福。

很久以前，有个年轻勇士出海航行，去寻找属于自己的幸福。旅途中他看到一个海岛，岛上有座雄伟的城堡，于是他下船来到岛上。城堡里有着数之不尽的财宝，还住着一位美丽的公主，如果勇士肯留下来定居，公主就嫁给他。但这位勇士没有留下，他相信前方的旅途中会有更大的幸福在等着他。

又经过长久的航行，他来到了第二个海岛，岛上的城堡比上一个海岛的城堡更大，更加富丽堂皇。城堡的国王热情地邀请勇士留下，愿意把自己的无数的宝藏和公主全交给他。看着比上一海岛的更多的财富和更美丽动人的公主，勇士有些心动，但是他还是没有留下，他坚信前方会有更好的。

终于他来到了一个更大的岛屿，城堡位于岛的中央，比前两个城堡都要高大。勇士激动地推开了城堡的大门，但迎接他的不是数不清的财宝和美丽的公主，而是一个邪恶丑陋的巫婆。巫婆用法术控制了他，强迫他做苦工，每天都过着苦不堪言的生活。他很后悔没有珍惜前面的幸福，可时光不会倒流。

在寻找幸福的路上，我们每个人都是百折不挠的勇士，但有时由于我们的过分执着和贪婪，幸福一次一次地与我们擦肩而过。其实，幸福可以很简单，就在你我的身边，只是我们一直都身在福中不知福。我们需要认真地、感激地、宽容地对待人生和品味生活。要知道，在追求幸福的过程中，只有那些善于抓住幸福的人才懂得什么是幸福，才知道如何去体味。

世上最珍贵的是把握现在的幸福

一个人的生命中，擦肩而过的人有千千万万，有几个是知音？有几个是深爱自己的人？与其众里寻他千百度，不如疼惜眼前真情人。

从前，有一座圆音寺，每天都有许多人来这里上香拜佛，香火很旺。在圆音寺庙前的横梁上有只蜘蛛结了张网，由于每天都受到香火和虔诚的祭拜的熏陶，蜘蛛便有了佛性。又经过了一千多年的修炼，蜘蛛的佛性更是增加了不少。

忽然有一天，佛祖来到了圆音寺，看见这里香火甚旺，十分高兴。离开寺庙的时候，不经意地抬头，看见了横梁上的蜘蛛。佛祖停下来，问这只蜘蛛："你我相见总算是有缘，我来问你个问题，看你修炼了这一千多年来，有什么真知灼见。怎么样？"

蜘蛛遇见佛祖很是高兴，连忙答应了。

佛祖问道："世间什么才是最珍贵的？"

蜘蛛想了想，回答道："世间最珍贵的是'得不到'和'已失去'。" 佛祖点了点头，离开了。

就这样又过了一千年的光景，蜘蛛依旧在圆音寺的横梁上修炼，它的佛性大增。

一日，佛祖又来到寺前，对蜘蛛说道："一千年前的那个问题，你可有什么更深的认识吗？"

蜘蛛说："我觉得世间最珍贵的还是'得不到'和'已失去'。"

佛祖说："你再好好想想，我会再来找你的。"

又过了一千年，有一天，刮起了大风，风将一滴甘露吹到了蜘蛛网上。蜘蛛望着甘露，见它晶莹透亮，很漂亮，顿生喜爱之意。蜘蛛每天看着甘露很开心，它觉得这是三千年来最开心的几天。

突然，刮起了一阵大风，将甘露吹走了。蜘蛛一下子觉得失去了什么，感到寂寞和难过。

这时佛祖又来了，问蜘蛛："这一千年，你可好好想过：世间什么才是最珍贵的？"

蜘蛛想到了甘露，对佛祖说："世间最珍贵的仍然是'得不到'和'已失去'。"

佛祖说："好，既然你有这样的认识，我就让你到人间走一遭吧。"就这样，蜘蛛投胎到了一个官宦家庭，成了一个富家小姐，父母为她取了个名字叫蛛儿。一晃，蛛儿到了16岁，已经成了个婀娜多姿的少女，楚楚动人。

这一日，新科状元郎甘鹿中榜，皇帝决定在后花园为他举行庆功宴席。席间来了许多妙龄少女，包括蛛儿，还有皇帝的小公主长风公主。状元郎在席间表演诗词歌赋，大献才艺，在场的少女无一不被他倾倒，但蛛儿一点也不紧张和吃醋，因为她知道，这是佛祖赐予她的姻缘。

过了些日子，说来很巧，蛛儿陪同母亲上香拜佛的时候，正好甘鹿也陪同母亲而来。上完香拜过佛，两位母亲在一边说上了话。蛛儿和甘鹿便来到走廊上聊天，蛛儿很开心，终于可以和喜欢的人在一起了，但是甘鹿并没有表现出对她的喜爱。

蛛儿对甘鹿说："你难道不曾记得16年前，圆音寺的蜘蛛网上的事情了吗？"

甘鹿很诧异，说："蛛儿姑娘，你很漂亮，也很讨人喜欢，但你想象力未免丰富了一点吧！"说罢，和母亲离开了。

蛛儿回到家，心想，佛祖既然安排了这场姻缘，为何不让他记得那件事，为何对我没有一点感觉？

几天后，皇帝下诏，命新科状元和长风公主完婚；蛛儿和太子芝完婚。这一消息对蛛儿如同晴空霹雳，她怎么也想不通，佛祖竟然这样对她。

几日来，她不吃不喝，生命危在旦夕。太子芝知道了，急忙赶来，扑倒在床边，对奄奄一息的蛛儿说道："那日，在后花园众姑娘中，我对你一见钟情，我苦求父皇，他才答应。如果你死了，那么我也就不活了。"说着就拿起了宝剑准备自刎。

就在这时，佛祖来了，他对快要出壳的蛛儿灵魂说："蜘蛛，你可曾想过，甘露（甘鹿）是由谁带到你这里来的呢？是风（长风公主）带来的，最后也是风将它带走的。甘鹿是属于长风公主的，他对你不过是生命中的一段插曲。而太子芝是当年圆音寺门前的一棵小树，他看了你三千年，爱慕了你三千年，但你从没有低下头看过他。蜘蛛，我再来问你，世间什么才是最珍贵的？"

蜘蛛听了这些真相之后，好像一下子大彻大悟了，便对佛祖说："世间最珍贵的不是'得不到'和'已失去'，而是现在能把握的幸福。"刚说完，佛祖就离开了，蛛儿的灵魂也回位了，睁开眼睛，看到正要自刎的太子芝，她马上打落宝剑，和太子紧紧地抱在一起……

其实，幸福离我们很近，可总是有人把近在眼前的幸福随意忽略，还自我感伤——感觉幸福很遥远，看不到最终的永远；感觉幸福很缥缈，长着翅膀会瞬间升飞。其实世上最珍贵的不是得不到和已失去，而是现在能把握的幸福。